高等院校测绘工程系列教材

天文与重力测量

吴向阳　高成发　刘义志　王洪光　编著

U0379839

东南大学出版社
SOUTHEAST UNIVERSITY PRESS
·南京·

内 容 提 要

本书为高等院校测绘工程系列教材,全书1～6章为天文测量篇,主要讲述通过观测天体(恒星)确定测站点的天文经纬度和某一方向的天文方位角,内容包括天文测量简介、时间系统框架及其换算、天文观测误差分析、无线电时号与时间比对以及实用天文测量方法;全书7～12章为重力测量篇,主要讲述利用重力测量仪器确定地面点的绝对重力(相对重力),进而推求地球形状及其外部重力场,内容包括概述、重力测量原理、位理论基础、正常重力场、确定大地水准面及地球形状的基本理论、地球重力场的应用。同时附录中还对卫星重力、航空重力等新发展进行了简要介绍。

全书首次将天文学与重力学进行综合,简化烦琐公式推导,力求讲清基本概念,把握脉络通俗易懂,注重实用适当拓展,可作为高等院校测绘类或相关专业本科生的教学用书,也可作为测绘导航、地质矿产、地球物理等相关专业技术人员的参考用书。

图书在版编目(CIP)数据

天文与重力测量/吴向阳等编著.—南京:东南大学出版社,2018.10

高等院校测绘工程系列教材

ISBN 978-7-5641-8022-5

Ⅰ.①天… Ⅱ.①吴… Ⅲ.①天文-高等学校-教材②重力测量-高等学校-教材 Ⅳ.①P1②P223

中国版本图书馆 CIP 数据核字(2018)第 221608 号

书　　名:天文与重力测量
编　著　著:吴向阳　高成发　刘义志　王洪光
出版发行:东南大学出版社
社　　址:南京市四牌楼 2 号　　　　邮　　编:210096
网　　址:http://www.seupress.com
出 版 人:江建中
印　　刷:虎彩印艺股份有限公司
开　　本:787 mm×1 092 mm　1/16　印张:12.75　字数:310 千
版　　次:2018 年 10 月第 1 版
印　　次:2018 年 10 月第 1 次印刷
书　　号:ISBN 978-7-5641-8022-5
定　　价:52.00 元

经　　销:全国各地新华书店
发行热线:025-83790519　83791830

前　言

浩瀚的宇宙给人以无限遐想，其中蕴藏着无数奥秘等待着人类去探索。天文学正是人类发现、认识并解释宇宙奥秘的一门科学，而重力学则是通过探测行星表面重力及其变化，来研究地球形状与外部重力场、探测地球内部构造及板块运动的一门科学。天文测量与重力测量分别是当今空间大地测量和物理大地测量的技术基础，也是人类研究探索地球家园乃至更广阔的宇宙奥秘的重要手段。

测绘类本科专业 2015 年新开设《天文与重力测量》研讨课程，让大学生了解和掌握天文学与重力学的基本知识，有利于拓宽学生的宇宙视野，激发学生上知天文、下知地理的求知欲望和对科学的探索精神，增强学生对谣言、迷信和伪科学的辨别能力；同时也可促使他们思考人类自身在宇宙中的地位，树立正确的宇宙观，培养他们科学、理性的思维。另外，学习本课程在拓宽知识面的同时，也可增加对本专业相关知识的理解，促进学科间的交叉与融合，更好地把握现代测绘科技的发展前沿。正因如此，东南大学测绘学科一直把本课程作为一门重要的选修课程，在三年级上学期专业基础课相对集中阶段开设。

本教材是为高等院校测绘工程专业的学生选修《天文与重力测量》课程编写的。天文学、重力学的内容十分广泛，作为非天文与地球物理学专业的一门选修课程，讲授的内容不可能面面俱到，必须结合本专业的特点对内容进行取舍。在此背景下，编者根据测绘工程专业教学计划和教学大纲的要求，总结多年的教学经验，在原讲义的基础上编写了本教材。

为了便于教学与参考，本教材分为上、下两篇各六章共计十二章，每一篇都具有独立的完整性。上篇为天文测量篇，内容分别为：第 1 章为天文测量简介，第 2 章为天球坐标及各坐标系间关系，第 3 章为时间系统及其换算，第 4 章为天文观测误差分析，第 5 章为无线电时号与时间比对，第 6 章为实用天文测量；下篇为重力测量篇，内容分别为：第 7 章为重力测量概述，第 8 章为重力测量原理，第 9 章为位理论基础，第 10 章为正常重力场，第 11 章为确定大地水准面及地球形状的基本理论，第 12 章为地球重力场的应用。

为了便于读者阅读和适当拓宽知识面，本书最后还安排了四个附录内容，其中附录 1 为球面三角基本公式，附录 2 为重力控制网实施概要，附录 3 为卫星重力测量基本知识,附录4为航空重力测量简介。

本教材由吴向阳、高成发、刘义志、王洪光编著,东南大学测绘工程213131班部分学生参与了大量的录入编辑工作,最后由吴向阳统一修改定稿。在编写过程中,编写组参考并引用了天文学及重力学相关方面的书籍和教材,我们对前人所做的工作深表敬意;在定稿过程中,东南大学胡伍生教授对本教材提出了许多宝贵意见;本教材的出版得到了东南大学交通学院的大力支持,并提供了教材建设专项基金;东南大学出版社也给予了大力支持,在此一并表示衷心的感谢。

书中部分图片等资料取自互联网,笔者一般都注明了出处,但部分资料出处难以追溯,可能未标明,还请读者谅解。由于编者水平有限,虽然我们尽了很大努力,书中难免存在不少缺点和错误,恳请读者批评指正,以利今后改进与提高。

编　者

2018年6月于南京

目　　录

上篇　天文测量

下篇　重力测量

上篇 天文测量

第1章　天文测量简介

天文测量是天文学的一个分支学科,也是大地测量的重要组成部分。它的主要任务是用天文方法观测天体来确定地面点的位置(天文经度和天文纬度)和某一方向的方位角,以供大地测量和其他有关的科技部门使用。本章将从天文学的发展、宇宙天体、天球以及天文测量的任务与作用方面,引导读者推开天文学的大门,领略天文学的古老神奇与现代魅力。

1.1　天文学发展简史

俗语道:"上知天文、下知地理",经常用来形容一个人知识渊博,可见天文学在人们心中的地位。本节将从天文学定义、研究对象、分类、发展及研究意义等方面,介绍天文学的一些基本知识,为读者领略和探索宇宙奥秘,奠定天文学基础。

1.1.1　天文学的定义

早期,人们将天文学定义为一门研究宇宙和天体的构造与发展的自然科学,即一门研究天体在宇宙空间的位置分布、大小、物理状态、化学组成、运动和演化过程的学科。

随着近代科学的发展,人们将天文学更广泛地定义为一门研究宇宙,以及宇宙与人类关系的学科。这种关系中当然也包括人类自身在宇宙中的位置以及与自然界的关系。

天文学既是一门历史悠久的学科,同时又是一门蓬勃发展的学科,现代天文学已成为多学科交叉融合的前沿科学。

1.1.2　天文学的研究对象

天文学的研究内容十分广泛,可抽象为对宇宙及其与人类的相关性研究。它的研究对象是各种自然天体和天体系统,即研究天体的位置和运动,研究天体的化学组成、物理状态和演变过程,研究天体的结构和演化规律,研究如何利用天体的知识来造福人类,而这些研究都是从宏观或宇观的角度并在特定时空基准下进行的。

1. 宇宙

天文学研究宇宙,研究万物,但其尺度是有范围的,"原子""纳米"等概念和微观事物显然不是天文学研究的尺度范围,而宏观和宇观才是天文学研究的对象尺度。

什么是宏观? 宏观是研究宏观世界的尺度。"宏观世界"狭义的定义为"把质量在 10 g以上、尺度在 5 cm 以上的物质客体及其现象的总和称为"宏观世界",因此狭义的"宏观"是指 5 cm 以上的尺度。处于该尺度的物质一般而言都比较容易观察,往往通过肉眼就可以获得它们的一般特性。无机类包括地球上所有的物体,近地表面的大气层,太阳,太阳系内的行星、卫星、彗星和其他恒星、天体等;有机类包括生物特性的人、其他动物、植物种群、生物群落、生态系统、生物圈以及人类社会等,都属于宏观的尺度。在宏观世界里,物质的运动一般都服从经典的牛顿力学规律,如行星围绕恒星的运动符合牛顿力学原理。但是不同性质的宏观世界种群有着其自身的内在运行机制,如生物的繁衍、生命的运动、人类社会的变迁等。广义的宏观则是抛开客观物质的自身属性,从人类认识自然的观点,即人类可以直接观测,且能够以物质手段加以改变的对象。那么,那些我们可以观测,但是人类不能够以物质手段加以改变的时间和空间区域又该如何划分呢?

1962年,著名天文学家戴文赛(1911—1979)在《宇观的物质过程》中首次提出了"宇观"的概念——"大质量加大尺度,既是宇观过程的特征,又是它的条件"。"大"是宇观世界的特征,区别于广义的宏观世界,在宇观世界中,物质具有高密度、大质量、大尺度、高温度等特征;运动速度快,甚至接近于光速;万有引力起主要作用,并服从相对论力学规律,如天文学中研究的星系、星系团、总星系以及距地球数百亿光年的宇宙部分。

2. 天体和天体系统

天体是宇宙各种物质个体的总称,包括恒星、行星、卫星、彗星、流星体、陨星、小行星、星团、星系、星际物质等。

一些天体的运动和特征密切相关而形成一个体系,被称为天体系统,如地月系、太阳系、银河系、河外星系、星系群/星系团、超星系团、总星系等。

3. 时间、长度、质量

时间,即中国古人所谓的"宙"。虽然人类很早就以自然界的周期性现象作为时间基准指导生产、生活活动,如"日出而作,日入而息",但直到19世纪,高精度、系统化定义的时间概念才形成。

时间本身在天文学中具有非常重要的地位,不同应用领域对时间观测的精度有着多样化的要求。时间的典型应用与精度如表1.1所示。

表1.1 时间的典型应用与精度

应用范围	时刻准确度(ns)	频率稳定度(Hz)
卫星精密定位和卫星精密定轨	优于±5	优于±1×10⁻¹³
卫星导航	±20	±2×10⁻¹³
电子侦察卫星	±10	±5×10⁻¹³
巡航导弹	±50	±5×10⁻¹³
卫星测轨	±50	±5×10⁻¹²
高速数字通信网	±500	±1×10⁻¹²
电力传输网	±1 000	±1×10⁻¹¹
电视校频	—	±5×10⁻¹²

长度的国际制基本单位是米(m)。1791年,法国科学院采用在海平面上地球赤道到北极点距离的千万分之一作为1米。米的定义不断精化,直到1983年,将光在真空中1/299 792 458 s的时间间隔所经路程的长度定义为1米,并一直沿用至今。

由于1米表示的距离较短,如果用于天文学,许多数字的长度太大,形成所谓的"天文数字"而不便阅读。所以,在天文学中,经常使用一些很大的长度单位。因为天文学最初的重要研究是从太阳系开始的,所以一个很自然的单位就是日地的平均距离。该距离被定义为一个天文单位(AU,Astronomical Unit),即

$$1 \text{ AU} = 1.495\ 978\ 7 \times 10^{11} \text{ m} \tag{1.1}$$

随着人类的目光涉及宇宙更遥远的部分,天文单位还是太小,所以又引入了更大的距离单位,以光在真空中一年传播的距离——光年(ly,Light Year)作为单位,1 光年约合9.46 万亿千米。比如离太阳最近的恒星距太阳 4.22 光年。

$$1 \text{ ly} = 63\ 240 \text{ AU} \tag{1.2}$$

质量的国际制标准单位是千克(kg)。天文学上经常会有天体质量的描述。显然,用千克作为单位,同样有"天文数字"的问题,所以天文学引入以太阳质量作为单位质量的表示方法。

1.1.3　天文学的分类

经典的天文学分类方法将天文学分为天体测量学、天体力学和天体物理学,但是随着观测手段的进步和天文学理论的发展,分类也趋于细化。

现代天文学可分为天体测量学、天体力学、太阳物理和行星物理学、恒星和星际介质物理学、星系物理和宇宙学、光学和红外天文学、射电天文学、空间天文学等。

天体测量学包括球面天文学、方位天文学、实用天文学、天文地球动力学等方面的内容;天体力学主要研究摄动理论、天体力学定性理论、天体力学数值方法、历书天文学等;天体物理学包括太阳物理学、恒星物理学等方面的内容。

1.1.4　天文学的发展

从人类文明发展的时代序列,我们看看天文学是从哪里来,如何发展的,这对我们把握和认识天文学又将往哪里去是非常有益的。

1. 古代天文学

古人在考虑地球有多大的同时,也在考虑地球在宇宙中的位置。这直接激发了古代宇宙理论和天体运动理论的蓬勃发展,涌现了许多种理论和学说,虽然这些学说由于分别受东西方不同时期思维模式的影响而在细节上有很多不同,但大致可以按照人类文明的发展进程分为天圆地方说、地圆(球)说及地心说、日心说。

(1) 天圆地方说

具有代表性的有中国的"盖天说"和古希腊泰勒斯的学说。《晋书·天文志》中记载:"天圆如张盖,地方如棋局。天旁转如推磨而左行,日月右行,随天左转,故实东行,而天牵之以西没。"后来,"盖天说"又进一步改进为:"天似盖笠,地法覆盘,天地各中高外下。"古希腊泰勒斯认为,大地是浮于水上的圆盘。

天圆地方说或天圆地圆说提出后,人类很快发现了该理论与实际观测有许多矛盾之处,于是地圆(球)说及地心说渐渐建立起来。

(2) 地心说

有明确记载,最早提出地球是圆球形的是古希腊的毕达哥拉斯,他认为宇宙应该是一个

和谐的统一体,由此认为天体应该是球形,而天体的运行轨道应该是圆形。但是这一时期还主要是以思辨的方式研究宇宙,直到柏拉图开始用几何系统来表示天体的运动,西方天文学才进入了一个崭新的时期,而这一点也被大多数学者认为是中西方天文学的分水岭,也被认为是中国天文学后来落后于西方天文学的主要原因之一。柏拉图所提出的同心球宇宙结构模型认为地球位于同心球的中央,固定不动,向外依次是月、日、水星、金星、火星、木星和土星,它们都围绕地球转动。后来,亚里士多德将地心说系统化,认为宇宙的中心为不动的地球,其外包裹着 55 层透明同心球层,向外依次是月、日、水星、金星、火星、木星和土星,最外面是恒星所在的球层。在地心说的支持下,人类开展了大规模的观测,发现了一些难以解释的现象,如行星的顺行和逆行,于是阿波罗纽斯提出了本轮均轮说来解释行星的视运动。阿波罗纽斯认为,行星绕着称为本轮的较小圆周做匀速运动,而本轮的中心沿着称为均轮的大圆周做匀速运动,所有均轮的中心是地球。到了公元 2 世纪,托勒密在总结前人观测和研究的基础上,给出了比较严密的地球中心说理论(图 1.1)。

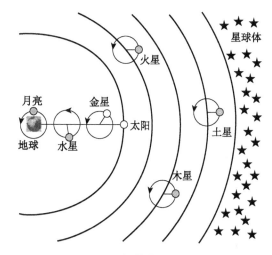

图 1.1　托勒密的地心说

（3）日心说

波兰天文学家哥白尼经过近 40 年的潜心观测和研究,终于断定托勒密的地心体系是错误的。他认为居于宇宙中心的不是地球而是太阳,包括地球在内的行星都围着太阳运转。地球不仅绕太阳公转,而且还绕轴自转。哥白尼的不朽之作《天体运行论》解决了天文学中的基本问题,彻底改变了那个时代人们的宇宙观念。他的日心地动说开辟了经典天文学的道路,为近代天文学的发展奠定了基础。同时,也引起了罗马教廷的惶恐和仇恨,意大利学者布鲁诺因支持和宣传哥白尼的学说而被教廷活活烧死;伽利略由于用自己的新发现证明日心说的正确性而受到终身监禁。

2. 近、现代天文学

近代天文学最重要的发展是天体力学,其最重要的发现则是基于天体力学原理发现并测量了天王星和海王星。而天王星和海王星的发现,则强有力地验证了万有引力定律的正确性。在这一时期,天文学家们还通过精密的观测、演算和分析,于 1785 年获得一个比太阳系还大的扁平的银河系结构图,同时,开创了天文学的又一门新分支——恒星天文学。

现代天文学的兴起主要归功于物理学、计算机技术、信息技术和新的观测技术的迅猛发展。1814 年,德国光学家夫琅和费制成了第一台分光镜,并用其进行太阳光谱的研究。1850 年,德国化学家本生和物理学家基尔霍夫合作发明了根据光谱判断化学元素的光谱分析术。几乎同时,星等和光度之间定量关系的确定和光度计问世,使人类可以较精确地测定天体的亮度。1830 年,照相术在法国问世。美国科学家德雷珀综合利用望远镜和照相术拍摄了第一张天文照片。这一系列的成就为研究天体的物理性质和化学组成提供了必要条件,也直接导致了天文学的又一重要分支——天体物理学的诞生。现代物理学的发展导致了人类时空观念的深刻变革,特别是爱因斯坦提出的狭义和广义相对论,是自牛顿建立经典力学之后人类认识大自然的又一次重大飞跃,奠定了现代宇宙学和相对论天体力学等天文学分支的基础。

计算机技术的出现和发展,为天体测量学、天体力学等对高性能数值运算的需求提供了目前最完备的解决方案。而伴随着信息技术的发展,天文学各分支的海量信息管理和分析有了信息技术的支撑,从而实现了现代天文学由数字化到信息化的升华。

新的观测技术和方法,包括射电天文观测技术、人造卫星天文观测技术等,使人类看到了更为广阔的宇宙,也直接导致了射电天文学、空间天文学等新兴天文学分支的诞生和迅速发展。

至此,现代天文学进入了全面发展时期。

1.1.5 天文学的研究意义

天文学与任何其他科学一样,是为人类生产和生活服务的。不过,天文学的历史最为悠久。整个人类文明发展史证明,天文学对于人类生存和社会进步具有极其重要的意义。

时间服务,又叫授时工作。准确的时间不但是人类日常生活不可缺少的,而且对许多生产和科研部门更为重要。

编制年历和星表。最早的天文学是农业和牧业民族为了确定较准确的季节而诞生和发展起来的。古今中外,各个时代都有相应的部门进行天文观测,编制年历、星表等,为人类文明的进步贡献了无穷的力量。

人造天体的发射及应用。目前,人类已向宇宙发射了数以千计的人造天体,它们已经广泛应用于国民经济、文化教育、科学研究和国防军事。所有人造天体都需要精确地设计和确定它们的轨道、轨道面相对于赤道面的倾角、偏心率等。这些轨道要素需要进行实时跟踪,才能保持对这些人造天体的控制和联系,这一切都需要借助天体力学知识。

太阳活动预报。太阳活动是太阳在大气中一切活动的总称。太阳活动预报主要是预报耀斑和由耀斑引起的电离层扰动,以及高能粒子流的到来。另外,还有较长期的太阳活动预报,如预报太阳黑子周期的演变等。详尽研究太阳活动规律,预报太阳活动,最大限度地避免"宇宙事故"的发生,对于国民经济和国防建设都有重要的意义。

揭示宇宙奥秘,探索自然规律。通过对宇宙的探索,人类的认识能力是不断提高的。从托勒密的地心说到哥白尼的日心说,从开普勒关于行星三大定律的发现到牛顿万有引力定律的建立,从哈勃发现星系红移规律到目前大爆炸宇宙理论的热门话题,一个接一个的宇宙奥秘被发现和揭穿。新发现的天文现象又成了认识天体的新起点。新的观测事实如果与旧理论相矛盾,会促使人们去建立新的理论,探寻新的定律,从而推动天文科学的进步和发展。

天文知识的传播有助于人类破除迷信,提高自身的认识和思维能力,同时也为辩证唯物主义世界观的确立和丰富提供了一个重要的科学依据。

1.2 宇宙、地球与恒星

谈天文学不可避免地要说到宇宙。最早关于宇宙的文字记录出自尸佼的《尸子》:"天地四方曰宇,往古来今曰宙",《淮南子·原道训》中有"横四维而含阴阳,纮宇宙而章三光",高诱对"宇宙"的注释为"四方上下曰宇,古往今来曰宙,以喻万物"。即使是科学技术相对《尸子》和《淮南子》成书年代高度发达的当代,该经典定义也是恰当的。

1.2.1 宇宙的概念

宇宙是万物的总称,是由空间、时间、物质和能量所构成的统一体。宇宙是物质世界,不依赖于人的意志而客观存在,并处于不断运动和发展中,在时空上是无限的。它是多样又统一的,多样在于物质表现状态的多样性;统一在于其物质性。

而随着社会生产和科学技术的发展,人类对宇宙的认识由近到远,由小到大逐渐扩展到更遥远的宇宙空间和更庞大的天体系统,从地球到太阳系,从银河系又扩展到河外星系,直至150亿光年以上的宇宙深处,人类对宇宙的认识还在不断地深化和发展。

为了深化对宇宙的认识,下面对银河系、太阳系及河外星系进行简要地介绍。

1. 银河系

在晴朗的夜晚,可以看到天穹上有一条明亮的且相当宽的光带,这条光带称为银河,也是宇宙中千千万万个星系之一。银河系有1 500亿颗以上的恒星(肉眼能看到的约有6 000颗),排列成扁球状,这个扁球体的长半径约8万至10万光年,短半径约1万至1.6万光年,太阳并不位于银河系的中心,而是靠近边缘。整个银河系绕其中心高速旋转着,所以属于银河系的太阳系也跟随着银河系绕其中心旋转,速度为220 km/s,旋转一周约需二亿三千万年。

在银河系中除了像太阳系这样的家族以外还有单颗星、双星、新星、疏散星团、球星团和弥散星云。

2. 太阳系

太阳系的中心是太阳,人们对宇宙的认识首先是从地球开始的,然后延伸至太阳系,直至当今的宇宙世界。

自从希腊学者费罗劳斯首先提出地球是球体之后,经亚里士多德等科学家的研究,直到公元180年前后经埃及天文学家托勒密的研究和总结,创立了地心学说,其主要思想是地球是宇宙的中心,其他天体绕地球转。这种模型使天文学家能够计算行星相对于恒星的视运动,精确度亦能满足当时的需要,为了纪念托勒密,这种系统又称为托勒密体系。波兰天文学家哥白尼建立的另一种新的天体模型——"日心系",认为太阳是不动的,它是宇宙的中心,而我们脚下的地球,竟然是在空中飞行着,地球和其他行星一样绕着太阳运动,月球则和其他行星不一样,它绕着地球运动。

可以说,从地心说到日心说是天文史上的一场革命,它凝聚了很多天文学家的心血和生命,为以后的天文学发展打下了良好的基础,然而宇宙的中心至今也没找到。

在太阳系中,可以把太阳视为中心。太阳是气体星球,占据整个太阳系中全部质量的99.86%,环绕它运行的有八大行星,两千多颗小行星,三十多颗环绕行星旋转的卫星,还有一些大小和周期不等的彗星,以及无穷多的流星体和布满太阳系空间的星际物质。

3. 河外星系

有关资料证明,恒星并非固定不变的,而是有自行的,并且只有极个别恒星的自行是可以测出来的。经推测,恒星的自行除与其本身的速度有关,更重要的是与其离开地球的距离有关,而无数的恒星离我们太遥远,以至哪怕隔几个世纪也显示不出任何可以察觉的移动。就这样,直至十八世纪中叶,人们才终于明白,不仅天空中没有什么坚硬的天穹,就连一个比较窄的恒星层也不存在,恒星分布在深远难测的广阔宇宙之中。

宇宙究竟是一个什么样的概念,它到底有多大? 这个问题到目前还不是很清楚,银河系的长半径就有 8 万至 10 万光年,因此整个宇宙只能用无穷大来描述。在宇宙间星及星系的运动速度也是很惊人的,如太阳系就以 220 km/s 的速度绕银心高速旋转着。现在观测表明,有些类星体其离开我们的速度几乎达到光速的 90%以上。由此可见给宇宙下一个恰切的定义也是不容易的,但可以粗略地认为:宇宙就是我们周围的客观世界,它在时空上是无限的。

1.2.2 地球的运动

地球是宇宙中一个普通的、不断运动的天体,由于地球的运动,又产生了一系列的地理效应。地球形成至今约有 46 亿年的历史,不管是地球整体,还是它的大气、海洋、地壳或内部,从形成以来就始终处于不断变化和运动之中。在一系列的演化阶段中,它保持着一种动力学平衡状态。

1. 地球的自转运动

地球绕着自己内部的一条假想线——地轴转动一周,叫做地球的自转,这是地球的第一种运动,它使地球上产生昼夜更替。

(1) 地球自转的规律

地球的东西方向是以地球的自转方向来确定的,所以正确识记地球的自转方向是十分必要的。地球的自转方向可以通过右手法则识记:设想右手握住地轴,大拇指竖直指向北极星,四手指的方向则代表地球的自转方向。事实上,无论是地球上的东西方向或是天球上的东西方向都是从地球的自转方向引申出来的:人们把顺地球自转的方向定义为——自西向东方向,把逆地球自转的方向定义为——自东向西方向。由于天球的运动方向与地球的自转方向相反,因而日月星辰周日视运动的方向为自东向西方向。通过右手法则我们不难判定:在北极上空看地球自转是逆时针方向的;而在南极上空看地球自转则是顺时针方向的。

地球的自转周期统称为一日。然而,考察地球的自转周期时,在天球上选择不同的参考点,就会有不同的自转周期,它们分别是恒星日、太阳日和太阴日。其中,恒星日是指某地经线连续两次通过同一恒星与地心连线的时间间隔,时间为 23 时 56 分 4 秒,这是地球自转的真正周期。而太阳日是指日地中心连线连续两次与某地经线相交的时间间隔,其平均日长为 24 小时,是地球昼夜更替的周期。太阴日则是指月心连续两次通过某地午圈(即该地经线的地心天球投影)的时间间隔,其平均值为 24 时 50 分,这是潮汐日变化的理论周期。

地球自转的速度分为角速度和线速度。由于地球自转可视为刚体自转,若在无外力作用的情况下,刚体的自转必为定轴等角速度自转。由此可知:地球自转的角速度可以认为是均匀的,既不随纬度而变化,又不随高度而变化,是全球一致的。地球自转的角速度可以用地球自转一周实际转过的角度与其对应的周期之比导出,在精度要求不高时,为了方便记忆,角速度约为 $15°/h$。而地球自转的线速度则是随着纬度和高度的变化而变化,这是由于地点纬度和高度不同,其绕地轴旋转的半径不同所致,表现为从赤道向南北两极递减的规律。

(2)地球自转的意义

地球的自转使地球上产生昼夜的更替。地球是不透明的,在太阳的照射下,向着太阳的半球处于白昼状态称为昼半球,背着太阳的半球处于黑夜状态称为夜半球,昼半球和夜半球的分界线称为晨昏线(图1.2)。另外,地球自转的意义还表现在使地球地表上做水平运动的物体方向发生偏转,简单来讲就是北半球上向右偏,南半球上向左偏,赤道上不会偏。除此之外,地球的自转也会使地球上产生时差以及会影响地球的形状。

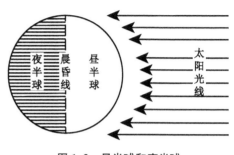

图 1.2 昼半球和夜半球

2. 地球的公转运动

地球以一年为周期围绕太阳做公转运动,这是地球的第二种运动,它使地球上产生以一年为周期的季节循环。需要说明的是,地球在自转的同时围绕着太阳公转,两种运动同时叠加。

(1)地球的公转(图1.3)

地球在公转中地轴的倾斜方向保持不变,其自转的赤道平面与公转的黄道平面间存在 $23.5°$ 的黄赤交角。地球绕日公转的周期统称为"年",在天球上选择不同的参考点就会有不同的公转周期,如恒星年、回归年、近点年等。

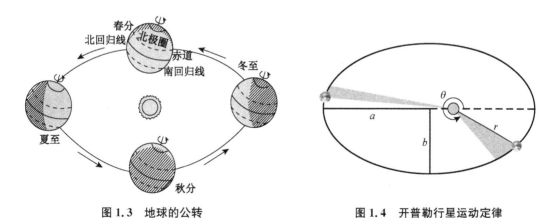

图 1.3 地球的公转　　　　　图 1.4 开普勒行星运动定律

(2)开普勒三大定律

德国天文学家开普勒在整理他的老师第谷留下的大量观测资料时发现:由哥白尼的匀

速圆轨道理论推算出的火星位置与实际观测位置的偏差达到8′。经过进一步分析,开普勒在 1690 年发现火星的轨道是椭圆,且运动也不是匀速的,从而提出了著名的开普勒定律。即:如果将恒星及围绕其运动的行星当做质点,并且行星除了受到该恒星引力的作用外,不再受其他力的作用,则这样的动力学问题是一个典型的二体问题。在这样的情况下,行星的运动遵循著名的开普勒行星运动三定律(图 1.4),即:

第一定律:所有行星轨道的形状是一个椭圆,太阳位于椭圆的一个焦点上。

第二定律:在相等的时间间隔内,行星与太阳的连线所扫过的面积相等。

第三定律:行星运动周期的平方与椭圆长半轴的立方成正比。

(3)地球公转的地理意义

地球的公转会产生地球上四季的变化以及昼夜长短的变化,太阳的周年视运动以及五带的划分。我国天文四季是以四立为季节的起点,以二分二至为季节的中点。因而,夏季是一年中白昼最长、正午太阳高度最高的季节;冬季是一年中白昼最短、正午太阳高度最低的季节;春秋二季的昼长与正午太阳高度均介于冬夏两季之间。我国大部分地处中纬度,四季的天文特征甚为显著。

1.2.3 恒星的辨认

天空中有无数的恒星,难以一一辨认。对于精密的大地天文测量来说,因有专门的星表供观测使用,在观测前只要将望远镜对准欲观测的恒星在某一时刻的方位和高度,再参照星表,则不难在望远镜内辨认出该星,所以无须预先在天空中辨认是哪一颗。但在一般天文测量中,因观测者往往是用望远镜直接照准亮星,这就要求观测者能够正确无误地辨认空中的恒星。图 1.5 为国际通行的星空划分。

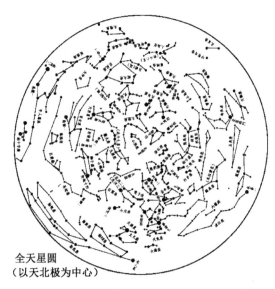

全天星圆
(以天北极为中心)

图 1.5 国际通行的星空划分——88 星座

1. 恒星的亮度和星等

在晴朗的夜空,仰望天空可以见到散布在天穹上的无数亮点,除少数行星、人造卫星和彗星等天体之外,绝大多数的亮星都是恒星。我们所看到的恒星的亮度是指其视亮度,天文学中恒星的亮度是指恒星在观测点和视线垂直的平面上所产生的照度,其数量级常以视星等来表示。它不仅与恒星本身有关,而且与恒星离我们的距离有很大的关系,星等越大亮度越小。比如北极星为 2.12 等,牛郎星为 0.89 等,月亮为 −12.5 等,太阳为 −27 等,连续的星等其亮度成几何级数,因 1 等星的亮度正好为 6 等星的一百倍,所以级数公比为 $\sqrt[5]{100} = 2.512$,这个数叫做星等比。晴朗的夜空,用肉眼看得见的最微弱的星是 6 等星,用照相方法目前可以看到 23 等的暗星。

2. 星座、星名

除了几个大行星之外,其他星的相对位置几乎是不变的,古人称恒星。其实恒星不恒,只是它们距离太遥远了,我们肉眼无法分辨。为了辨认这些密布的群星,人们用想象的线条将星星连接起来,并构成各种各样的图形,或把某一块星空划分成几个区域,取上名字。这样一来,认识星星就容易多了。这些图形连同它们所在的天空区域,就叫做星座。在西方,大约起源于公元前 3 000 年,到公元 2 世纪,北天星座的雏形已由古希腊天文学家大体确定了下来,并以许多神话、传说给这些星座命名。1922 年国际天文学会把星座的名称作了统一的界定,规定全天有 88 个星座,星座里的恒星用希腊字母和数字标出,如小熊座 α 星。某些亮星还有专门的名字,如北极星和我国古代称为织女星的天琴座 α 星等。

3. 星图和恒星的辨认

用以表示星座在空中的相对位置的图叫做星图,利用星图可以帮助我们辨认空中的星座。星图一般分北天星图、赤道星图及南天星图,对于北半球而言,主要需要北天星图及赤道星图。

辨认北天星座时,观测者需要面向正北,举起北天星图,并使星图的中心大致对准北极星,再根据观测时的月份,将星图中相应月份置于上方。如果在晚上九点钟左右认星,星图中的星座方位和高度正好与星空中星座的方位和高度相一致,此时可对照它在星图中的位置,在星空中找到对应的星座。如果在晚上八点钟认星,那么需将星图顺时针方向旋转 15°,十点钟认星则需逆时针方向旋转 15°,其他时间以此类推。

若观察赤道附近的恒星,观测者需面向正南,举起赤道星图,所举高度等于所在地的纬度,由于天球赤道是呈环形的,而星图是平面图,故观测者应将星图拿成弧状,像辨认北天星座一样,根据观测时的月份,将星图中的这一月份正对南方,这样便可进行辨认了。同样,如果不是晚上九点钟认星,也要像辨认北天的恒星那样,将星图逆时针或顺时针旋转一个角度,但旋转方向与使用北天星图时的情况相反。

辨认恒星,还可以根据一些已经熟悉的星来辨认其他的星座。如在北方可以根据北极星辨认出小熊座,并以之找到大熊座、仙后座等;在春夏的夜晚星空,可以根据牛郎星找到对应的天鹰座,根据织女星找到对应的天琴座等。总之只要你经常留心观察天上的星星,记住这些星座是不难的。

1.3　天球的概念与表示方法

天球是一个想象的旋转的球,理论上具有无限大的半径,与地球同心。天空中所有的物体都可想象成在天球上。那么天球到底是什么呢?本节将为大家介绍天球的概念,并从天顶、天底、天轴、天极、天球地平面、天球地平圈、天球赤道面、天球赤道、子午圈、四方点、时圈、垂直圈、卯酉圈、天球黄道、黄极、二分和二至点、黄经圈与黄赤交角等方面详细说明天球的基本点、线、面。

1.3.1　天球的概念

天文学中引入"天球"的概念得益于古代"天圆地方"说的直观性。所谓天球,指的是以地球质心为球心,以无穷大为半径(有时取单位长度)的一个假想球体(如图 1.6)。根据所选取的天球中心的不同,有日心天球、地心天球等。由于天球的半径无限大,地球可以看作是在天球的圆心,所以有以下特性:

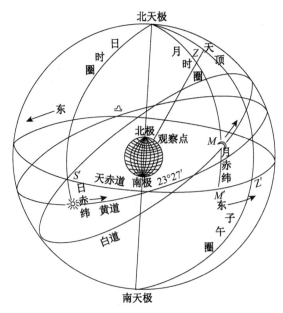

图 1.6　地球与天球

（1）地球上所有相互平行的射线相交于天球上同一点。

（2）地球上所有相互平行的平面相交于天球上同一大圆。

1.3.2　基本点、线（轴）、面

有了天球的概念，还需要了解天球上一些特殊的点、线和面，这样就可以在天球面上建立几何关系，方便天文学有关的观测、计算和分析。

（1）天顶与天底

过天球中心作一直线与观测点的铅垂线平行，交天球于两点（如图 1.7），位于观测者头顶的一个交点称为天顶，记为 Z；与天顶相对的另一个交点称为天底，记为 Z'。

（2）天轴与天极

想象将地球的自转轴向两端延长到与天球相交，这条轴称为天轴（如图 1.7）。天轴与天球相交的点，称为天极，北面的交点叫北天极，记为 P；南面的交点，叫南天极，记为 P'。

（3）天球地平面和天球地平圈

通过天球中心 O 作垂直于 ZZ' 的平面（如图 1.7），这个平面称为天球地平面，天球地平面在天球上的投影面 $ESWN$ 称为地平圈。

（4）天球赤道面和天球赤道

通过天球中心 O 作垂直于天轴 PP' 的平面（与地球赤道面重合），并且向外延伸到与天球相交，所成的平面称为天球赤道面，所成的大圆 $EQWQ'$ 称为天球赤道（如图 1.7）。像地球赤道面与地轴垂直一样，天球赤道面也垂直于天轴 PP'。

（5）子午圈、四方点和时圈

在天球上通过北天极 P，观测点天顶 Z，南天极 P' 和观测点天底 Z' 的大圆 $PZP'Z'$（如图 1.7）称为子午圈。

子午圈与天球赤道交于两点(如图 1.7),北面的一点叫北点,记为 N;南面的一点叫南点,记为 S。在地平圈上,距离南、北两点均为 $90°$ 的 E 点和 W 点称为东点和西点。E、S、W、N 四点代表东、南、西、北四个方向,合称四方点。

时圈又称赤经圈,是通过天球南、北天极的半个大圆 PSP',它与地面上的经度圈相对应。

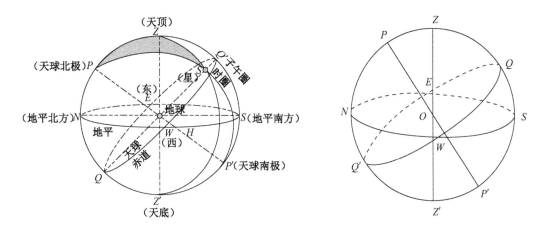

图 1.7　基本点、线(轴)、面

(6)垂直圈和卯酉圈

垂直圈又称地平经圈,指天球上经过天顶和天底的任何大圆。大圆 Z,S,Z',N 就是其中的一个。

过椭球面上一点的法线,可作无限个法截面,其中一个与该点子午面相垂直的法截面同椭球面相截形成的闭合的圈称为卯酉圈,即与子午圈相垂直的垂直圈。PEE'(如图 1.8)即为过点 P 的卯酉圈。

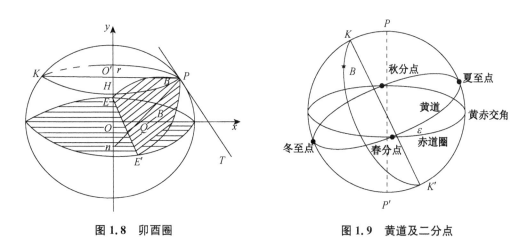

图 1.8　卯酉圈　　　　　　**图 1.9　黄道及二分点**

(7)天球黄道和黄极

通过天球中心 O 作一个平面和地球的轨道面平行,这一平面称为黄道面。黄道面与天球相交的大圆称为黄道。黄道有两个极(如图 1.9),靠近北天极的叫北黄极,记为 K;靠近南天极的叫南黄极,记为 K'。

（8）二分和二至点

天球赤道和黄道的两个交点(如图1.9),一点是太阳从赤道以南向赤道以北运行时穿过赤道的那一点,称为春分点,另一点是太阳从赤道以北向赤道以南运行时穿过赤道的那一点,称为秋分点,春分点和秋分点合称二分点。黄道上与春分点相距90°并且位于赤道以北的一点,称为夏至点,与夏至点相对的一点称为冬至点,夏至点与冬至点合称二至点。

（9）黄经圈与黄赤交角

过天体 B 且包含 K 和 K' 的大圆称为天体 B 的黄经圈。

黄赤交角是黄道面与天赤道面的交角,也称为黄赤大距。目前地球的黄赤交角约为 $23°26'$。黄赤交角并非不变的,它一直有微小的变化,但由于变化较小,所以短时间内可以忽略不计。

1.4　天文测量的任务与作用

1.4.1　天文测量的主要任务

天文测量的主要任务是:以球面天文学为基础,通过天文测量仪器,观测宇宙中的天体,确定地面点的天文坐标,以及地面目标方向的天文方位角和时刻。

其中,天文坐标是指天文经度与天文纬度。测定天文坐标和天文方位角以及时间的工作称为天文测量。

天文测量仪器更新换代十分迅速。常规天文测量仪器,有 T4 型经纬仪、DKM3A 型经纬仪、陀螺经纬仪等;新型天文测量仪器,有超站仪、激光跟踪仪等;天体测量望远镜,有射电望远镜、巨型射电望远镜、密云天线阵等。

1.4.2　天文测量的主要作用

1. 高精度的一、二等天文测量

经典大地测量中,为国家控制网提供起算数据和方位控制数据,为研究地球形状和大小提供资料。

2. 较低精度的三、四等天文测量

三、四等的天文测量更贴近生活,贴近实际,其作用也与生活息息相关。用于铁路、公路、高压电缆、输油管道等的勘查、设计和施工;为航天、航海部门提供高精度的子午基准;为现代机场的惯性系统建设,提供可靠的地面参数;为远程武器研制、卫星发射和空间技术提供测绘保障。

3. 供给准确的时间

苏联天文学家巴普洛夫曾经说过这样的话:"如果没有正确统一的时间计算方法,人类的文化就不可能存在下去。运输、邮件、电报、无线通讯、制造厂、工厂、学校、学术机关、网络,以及全体公民,都需要知道准确的时间。在社会主义社会中,准确测定时间尤为重要"。现代的准确时间是由天文测量所决定的,这种工作叫做授时。授时就是定出公认的时间标准。授时工作是一项庞大的国际合作的科学事业,它供给我们准确到千分之一秒的标准时刻(当然现在的原子钟技术的精度已经远远地超越了授时)。这样的标准时刻,不仅是千千万万个钟表的依据,而且在许多科学和技术的领域中也都占有着首要的地位。

4. 测绘地图与勘探

高精度的一、二等天文重力测量为国家控制网提供起算数据和方位控制数据,为研究地球形状和大小提供资料。一等水准网是国家高程控制网的骨干,二等水准网布设于一等水准网内,是国家高程控制网的全面基础。

在经济建设、国防建设和文化生活中,地图具有重大的意义。一个小范围的地形测图是用不到天文测量的,但是在测绘较大地区的地形图时,就要根据已知地理坐标的三角点(三角锁或三角网的各点)来连接全部的测量结果。三角点的坐标是用大地测量和天文测量来联合测定的。

天文测量可以测定地面点的坐标,作为地形测量的控制点。在交通困难的地区内建立天文大地控制网来进行1:10万比例尺的地形测图,对于组织和技术经济方面都是非常适合的。在各种各样的测量方式中,例如路线测量、平板仪测量、经纬仪测量、导线测量、航空测量等,天文方位角的测定是用作角度观测的检查,并促成各种控制网的平差计算和定向。

5. 航海和航空上的领航

由于天文测量在航海和航空中具有重大的用途,因此形成了独立的科学部门"航海天文学"和"航空天文学"。

1492年发现美洲的著名航海家哥伦布曾经说过这样一句话:"唯一的毫无错误的航海计算,就是天文的计算;谁知道天象,谁就是幸运者"。1819年,俄国的航海者来到了人所未知的陆地附近,根据天体确定了他们的所在地,即现在的南极洲。

在现在飞机的远距离飞行中,为了保证飞行领航,必须用天文测量的方法。在飞行航程不断增加的情况下,为了飞行领航的可靠和准确,将要更多地运用天文测量方法。

火箭飞行的最可靠的保证,将是实行联合的无线电和天文领航方法。

6. 探索地球的形状与大小

地球的形状与大小是大地测量学和制图学中的基本问题。这些数据也是物理、力学及天文学领域中重要的理论研究所必须的基础和根据。这个问题是由天文测量、重力测量和大地测量互相配合来解决的。

在整个地球面上进行弧度测量其目的就在于确定地球椭球体的大小和扁率。天文测量是弧度测量的必要组成部分,实际工作是在相应的三角点上测定经度和纬度。

根据天文测量所测得的各三角点的经纬度和由大地测量结果所推算出的相应点的经纬度,可以研究地球的形状。这就是将天文和大地测量的结果加以比较而推导垂线偏差。到现在为止测定和研究大地水准面的主要方法之一就是借助于垂线偏差。

7. 测定地球的不规则运动并研究其原因

这里所说的地球运动,是指地球的自转。地球自转的研究,对于许多科学,例如地球物理学、天文学、地质学、古生物学和大地测量学等,都有重大的实际意义。

地球自转的研究,一般分为两个主要方面:地球自转轴位置的测定和地球自转不均匀性的研究。前者通过对纬度测量,后者则通过对时间测量来达到目的,时间测量可以决定经度和地球自转的不均匀性。

纬度测量就是研究纬度的变化,地理纬度经常在变化,而这些变化是由地球自转轴在本体中的位置变化也就是地极沿地球表面的移动所引起的。时间测量就是研究精度连测、电波传达的速度和条件以及地区自转的不均匀性。在统一的测时工作中,经度起着重要的作用,没有精确的经度数值,就无法求得准确时刻。

8. 编制基本星表

基本星表是根据许多天文台独立观测所得的恒星位置编制的综合星表。这种星表载列着许多恒星的序号、星名、星等、赤经、赤纬和恒星自行。赤经、赤纬可以决定恒星在天球上的位置,因此这种星表是野外天文测量的主要工具。恒星的赤经、赤纬和自行的测定也是天文测量的工作之一,这种工作不但非常繁重而且要长年累月地进行观测。由于科学技术的进步,现代大地测量、授时工作及天体力学等对基本星表的精度要求日益提高,因此从前没有的工作,现在需要增加,昨天还可以忽略的东西,今天变成了必须认真考虑的对象。这就是为什么现在要积极展开纬度工作和重新编制基本星表的道理。

利用新型设备石英钟、原子钟和分子钟研究地球自转速度,可以计量极高精度的时间,这对于许多科学研究都具有重大的实际意义。

第2章 天球坐标系及各坐标系间关系

宇宙即为时空,是天文学领域最重要的概念;"宇"代表了所有的空间,"宙"代表了所有的时间。要确定人类在这个茫茫宇宙中的位置,就需要建立科学的坐标系统及时间系统。本章将从天球这一重要概念入手,介绍相关的常用坐标系统,以及这些坐标系统之间的转换关系。

2.1 天球坐标系

仰望天空,我们会发现天似穹隆,这个穹隆即是我们前面反复使用的概念——天球。虽然在客观上并不存在这样一个天球,但是引入这个概念后,很多理论和方法的描述变得简单直观了。一个以观测者所在位置为中心,取无限长为半径(有时取单位长度)的假想半球面覆盖在地球上空。如果将该球面扩展为以观测者为中心、半径无限长的球面(壳),则该球面称为天球。如图 2.1 所示,观测者的直观感受就是所有的天体距离自己似乎一样远。

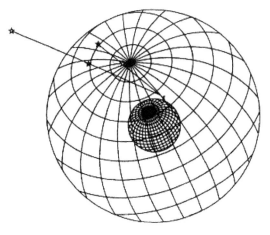

图 2.1 天球

2.1.1 天球上的参考点、圈

在天球上建立坐标系统,必须先确定参考点与参考圈。如图 2.2,将地轴延长与天球相交于两点,称为天极。北边的为天北极(P),南边的为天南极(P')。地球赤道所在平面与天球相交的圆称为天球赤道($QERW$)。天球赤道将天球等分为两边:北半部分为北天,以天北极为中心;南半部分为南天,以天南极为中心。天球上所有同时通过两个天极的圆称为时圈。

地球公转轨道平面与天球相交的圆叫做黄道($MVLA$)。黄道与赤道相交于春分点(V)、秋分点(A)。春分点、秋分点又称为二分点。黄道上与二分点相距 90°的两点为夏至点、冬至点。

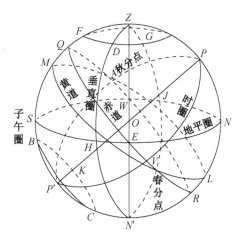

图 2.2 天球上的参考点与参考圈

观测者与地心所在的直线与天球相交于两点:观测者方向的交点称为天顶(Z);地心方向的交点称为天底(N')。过地心作垂直于观测者和地心连线的平面,与天球相交的圆称为地平圈($SENW$)。天球上所有同时通过天顶、天底的圆称为垂直圈,又名地平经圈。同时通过天极、天顶、天底的圆称为观测者子午圈($ZP'N'P$),简称子午圈。子午圈同时为地平经圈和时圈。

垂直于子午圈的地平经圈称为卯酉圈($ZEN'W$)。垂直于子午圈的时圈称为六时圈($P'EPW$)。

2.1.2 天球上的坐标系

1. 地平坐标系

天体位置由其在天球上的二坐标值确定。如图2.3所示,以观测点的地平圈作为主圈,以通过该天体 S 的地平经圈(即垂直圈)为副圈,用以确定该天体的位置,称为地平坐标。

地平坐标的含义:

方位角 A:或称为地平经度。子午圈与地平经圈的夹角 $\angle NOC$,在地平圈上自北点(N)向东点方向(注意不是向东。在北半球坐标系中的方向和赤道坐标系中的方向是相反的),自 $0°$ 至 $360°$。

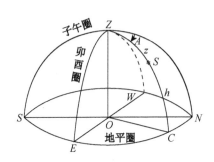

图 2.3 地平坐标系

高度角 h:或称为地平纬度。在地平经圈上自地平圈到天体间的夹角 $\angle COS$,在地平上边的为正,自 $0°$ 到 $+90°$;反之为负,自 $0°$ 到 $-90°$。

高度角用天顶距 $\angle ZOS$ 代替,即在地平经圈上自天顶到天体的角度,自 $0°$ 到 $180°$,并且 $z=90°-h$。

地平坐标的二坐标值,实际上就是地面测量中用的方位角和垂直角,可以直接用经纬仪观测确定。但由于地球的自转以及观测者在地球上的位置不同,故同一天体,在不同时间或不同地点观测时得到的地平坐标是不同的。

2. 赤经赤道坐标系

如图2.4,天球的赤经赤道坐标系是以地心 O 为坐标原点的,Z 轴指向北天极,X 轴指向春分点,Y 轴垂直 XOZ 平面并构成右手坐标系。该坐标系以天球赤道为基本圈,过春分点 r 的时圈为主圈。天体 S 在赤经赤道坐标系中的球面坐标表达形式为赤经 α 和赤纬 δ。

描述天体(如恒星、卫星)的位置应采用与地球自转无关的天球坐标系统,并以球面坐标系的形式给出。同一空间点的直角坐标系与其等效的球面坐标系参数间的转换关系如下:

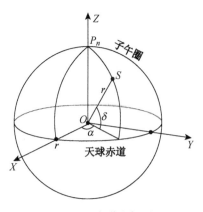

图 2.4 赤道坐标系

$$\begin{cases} X=r\cdot\cos\alpha\cdot\cos\delta \\ Y=r\cdot\sin\alpha\cdot\cos\delta \\ Z=r\cdot\sin\delta \end{cases} \tag{2.1}$$

3. 时角赤道坐标系

如图 2.4,时角赤道坐标系取天球赤道为基本圈,子午圈为主圈。天体 S 在时角赤道坐标系里的球面坐标表达形式为时角 t 和赤纬 δ。

时角 t:天体所在时圈与子午圈的夹角。在赤道圈上,自子午圈起向西为正,常用时间单位(时、分、秒)表示。自 0 时到 24 时,相当于 $0°$ 到 $360°$;或者自 -12 时到 $+12$ 时,相当于 $-180°$ 到 $+180°$。

赤纬 δ:与赤经赤道坐标系的赤纬相同。

4. 黄道坐标系

黄道坐标系的主圈是黄道,副圈是通过黄道两级点和天体的大圈,称为黄道时圈。其坐标值为黄经 L 和黄纬 β,其定义分别与赤经赤道坐标系中的赤经和赤纬相仿,将赤道改为黄道,把时圈改为黄道时圈即可。黄道坐标在实用天文学中很少使用。

2.1.3　不同坐标系统之间的关系(表 2.1)

表 2.1　天球坐标系统之间的关系

坐标系统 属性	地平坐标	赤道坐标		黄道坐标
		时角赤道坐标	赤经赤道坐标	
性质	与观测点位置有关		固定于天空	
轴线	垂线	地轴		黄道轴
主圈	地平圈	赤道圈		黄道圈
副圈	垂直圈	时圈		黄道时圈
主圈坐标	方位角 A	时角 t	赤经 α	黄经 L
主圈坐标范围	$0°\rightarrow360°$	0 时 $\rightarrow$ 24 时		$0°\rightarrow360°$
主圈起点	北点	观测子午圈与赤道的交点(上中天)	春分点	
主圈正方向	向东点方向	向西	向东	
副圈坐标	天顶距 z $0°\rightarrow180°$ 或高度角 h $0°\rightarrow\pm90°$	极距 p $0°\rightarrow180°$ 或赤纬 δ $0°\rightarrow\pm90°$(北 + 南 -)		黄纬 β $0°\rightarrow\pm90°$ (北 + 南 -)

2.1.4　天球坐标系统的类型

按照观测者所处位置的不同可以将天球坐标系划分为:站心坐标系、地心坐标系、日心坐标系、银心坐标系;按照其时效性可以分为:真(瞬时)坐标系、平(平均)坐标系、协议坐标系。按时效性分类的天球坐标系统如表 2.2 所示。

表 2.2　按时效性分类的天球坐标系统

名称	X 方向	Z 方向	Y 方向
真（瞬时）天球坐标系	瞬时春分点	瞬时地球自转轴	与 X，Z 构成右手系
平天球坐标系	平春分点	平地球自转轴	与 X，Z 构成右手系
协议天球坐标系	协议春分点	协议地球自转轴	与 X，Z 构成右手系

　　而按照表达式的类型又可分为空间直角坐标系和球面坐标系,如图 2.5 所示。

　　因天球的半径为无限长,所以易得到如下特性:地球上所有相互平行的射线相交于天球上同一点,地球上所有相互平行的平面相交于天球上同一大圆。这样,就可以把观测的天体投影在天球上进行观测和分析,天体的运动在观测者看来都好像是在天球面上运动,我们称这种运动为天体的视运动。如果观测者固联在地球表面并随地球自转一起运动,所观察到的天体视运动称为天体的周日视运动。如果观察者站在地心并不随地球自转一起运动,所观察到的天体视运动称为天体的周年视运动。

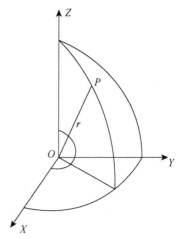

图 2.5　球面坐标系与空间直角坐标系

2.2　地球坐标系

　　人们从很早就开始去认知我们所处的地球,中国古代就有以天圆地方为代表的一系列假说,西方也曾提出过日心说等理论来解释地球运行中的现象。随着科技的发展,人们对地球的了解越来越深,地球坐标系的提出大大满足了人们在地球上的定位需求,为我们的各项生产活动提供了极大的帮助。地球坐标系是测量学中一个非常重要的概念。

2.2.1　地球坐标系的形式

　　地球坐标系统是固联在地球上,并随着地球自转的坐标系统,用来描述地面测站点的位置。地球坐标系也称为地理坐标系,通常包括天文坐标系与大地坐标系。天文坐标系是以地球质心为坐标原点,以地球自转轴作为 Z 轴的正向,以地球赤道面与格林尼治子午面交线的方向作为 X 轴的正向,Y 轴垂直于 XOZ 平面所构成的右手坐标系,其表达形式为(λ, φ)。

　　在常规大地测量中,通常采用大地坐标系。大地坐标系是通过一个辅助面(参考椭球面)来定义的,其关联体是地球椭球,基准线是法线,引入大地经度 L、大地纬度 B、大地高 H 来表达地面点的空间位置。表 2.3 为天文坐标系与大地坐标系各参数。

表 2.3　天文坐标系与大地坐标系

地理坐标系	关联体	基准线	基准面	表达形式
天文坐标系	真实地球	铅垂线	大地水准面	天文经度 λ、天文纬度 φ
大地坐标系	地球椭球	法线	旋转椭球面	大地经度 L、大地纬度 B

不同坐标系之间的坐标关系是可以互相转换的,例如天文坐标与大地坐标,还有直角坐标与大地坐标。

同一地面点的天文坐标与大地坐标之间有如下关系:

$$\varphi - B = \xi \tag{2.2}$$

$$\lambda - L = \eta \cdot \sec\varphi \tag{2.3}$$

其中,ξ 表示垂线偏差的子午方向分量,η 表示垂线偏差的卯西方向分量。

由于地球不是一个圆球体,而是一个近似椭球体,其表面是不规则的曲面,与几何椭球面(参考椭球面)也不相一致,因此地面上任一点的向径方向、铅垂线方向及椭球面的法线方向是不一致的,所以地面上任一点会有三种不同的纬度(如图 2.6 所示)。

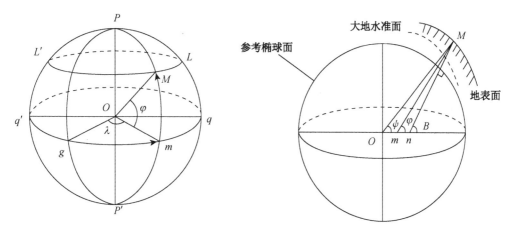

图 2.6　天文坐标与大地坐标

(1) 天文纬度——是地面点 M 的铅垂线 Mm 与赤道面的夹角,用 φ 表示。铅垂线是大地水准面在 M 点的法线。

(2) 大地纬度——是地面点 M 的参考椭球的法线 Mn 与赤道面的夹角,用 B 表示(图 2.7)。

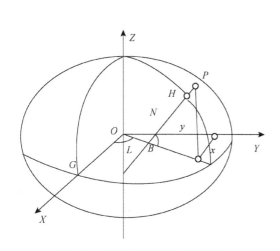

图 2.7　直角坐标系与大地坐标系

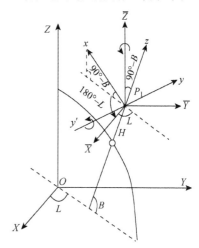

图 2.8　站心与空间直角坐标系

（3）地心纬度——是地面点 M 的参考椭球中心的连线 MO 即向径与赤道面的夹角,用 ψ 表示。

站心与空间直角坐标系如图 2.8 所示,同一空间点的直角坐标系与大地坐标系之间有如下关系:

$$
\begin{aligned}
X &= (N+H)\cos B\cos L \\
Y &= (N+H)\cos B\sin L \\
Z &= \left[N(1-e^2)+H\right]\sin B
\end{aligned}
\tag{2.4}
$$

2.2.2　地球坐标系的其他形式

地球坐标系还有其他形式,例如站心坐标系。站心坐标系可以用于了解以观察者为中心的其他物体的运动规律,如接收机可见 GPS 卫星的视角、方位角及距离等,描述卫星与测站之间的关系,了解卫星在天空中的分布(过渡坐标系)。下面列出三种站心坐标系:

站心赤道直角坐标系——$P_1-\overline{XYZ}$,它与地心空间直角坐标系是平移关系。

站心地平直角坐标系——P_1-xyz,以 P_1 点法线为 z 轴,子午线方向为 x 轴。

站心地平极坐标系——P_1-rAh,最为常用,用于卫星定位中星历预报和拟定观测计划。

$P_1-\overline{XYZ}$ 同地心空间直角坐标系 O-XYZ 的关系如下:

$$
\begin{bmatrix} X \\ Y \\ Z \end{bmatrix} = \begin{bmatrix} \overline{X} \\ \overline{Y} \\ \overline{Z} \end{bmatrix} + \begin{bmatrix} (N+H)\cos B\cos L \\ (N+H)\cos B\sin L \\ N(1-e^2)+H]\sin B \end{bmatrix}
\tag{2.5}
$$

站心地平直角坐标系与球心空间直角坐标系的关系如下:

$$
\begin{bmatrix} X \\ Y \\ Z \end{bmatrix}_{\text{球心}} = \begin{bmatrix} -\sin B\cos L & -\sin L & \cos B\cos L \\ -\sin B\sin L & \cos L & \cos B\sin L \\ \cos B & 0 & \sin B \end{bmatrix} \begin{bmatrix} x \\ y \\ z \end{bmatrix}_{\text{地平}} + \begin{bmatrix} (N+H)\cos B\cos L \\ (N+H)\cos B\sin L \\ N(1-e^2)+H]\sin B \end{bmatrix}
\tag{2.6}
$$

2.2.3　站心坐标系内的转换关系

站心地平极坐标系与站心地平直角坐标系是可以互相转换的,其关系为:

$$
\begin{aligned}
x &= r\cos A\cos h \\
y &= r\sin A\cos h
\end{aligned}
\tag{2.7}
$$

$$
z = r\sin h
$$

$$
r = \sqrt{x^2+y^2+z^2}
\tag{2.8}
$$

$$
A = \tan^{-1}(y/x)
\tag{2.9}
$$

$$h = \tan^{-1}(z/\sqrt{x^2 + y^2})\tag{2.10}$$

其中, r 代表距离, A 代表方位角, h 代表高度角。

2.3　岁差与章动

我们知道,对地球自转轴施加外力的不仅有月球和太阳,还有各大行星。日、月、行星各有各的轨道平面,行星到地球的距离各不相同,因此联合作用力的大小和方向是复杂多变的。加之地球本身不是刚体,内部质量分布既不均匀也不恒定,大气环流、海洋潮汐等多种因素,使地球自转轴的空间运动非常复杂。天文测量中把自转轴沿着一个光滑圆锥面的等速运动部分归为岁差,而把所有其他复杂的摆动统归为章动。本节主要介绍岁差与章动以及其产生的影响。

2.3.1　岁差的概念

在前面的章节里面,我们都把春分点看成是天球上固定不变的点,但事实上并非如此,早在公元前二世纪希腊天文学家依巴谷在观测实践中就发现春分点在天球上的位置,每百年在黄道上向西移动一度,我国在公元 330 年晋朝天文学家虞喜也发现了这一现象。现在精确测定的结果是,春分点每年西移 $50.24''$。这样,太阳每年经过春分点的时间总比太阳回到春分点原来的地方要早一些,也就是说一个回归年比一个恒星年要短一些,约每隔 72 年差一天。或者说每一个回归年比每一个恒星年约短 0.014 天,我们把这一差数称为岁差。

那么岁差现象是怎样产生的呢? 虽然发现岁差现象很早,但对产生岁差现象的科学解释直到牛顿提出万有引力定律之后才实现。这就是说,岁差现象是由于太阳、月亮和其他行星对地球的引力作用而产生的。岁差通常分为日月岁差和行星岁差。下面分别加以概述。

1. 日月岁差

根据万有引力定律以及日、月、行星本身的质量和距离地球的平均距离可知,月球对岁差的贡献最大,然后是太阳,行星引力产生的岁差最小。以月球或太阳之一为例,如图 2.9 所示。

我们将地球分为三部分:中部球体、距离天体 M 远端的半赤道隆起和距离天体 M(日或月) 近端的半赤道隆起。三部分的质心依次为 O、A 和 A',PP' 为地球自转轴,KK' 为黄道。设 M 天体对地球三部分的引力矢量为 OR、AC 和 $A'C'$。引力 AC 可分解为平行于 OR 的 AB 和垂直于 OR 的 AD;同理,引力 $A'C'$ 可分解为平行于 OR 的 $A'B'$ 和垂直于 OR 的 $A'D'$。和叠加在 OR 方向,使地球趋向天体 M。而和则构成一对力偶,根据力学右手定则,和产生垂直于纸面的转动力矩 OF,OF 与地球自转力

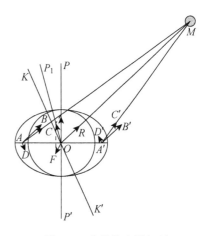

图 2.9　岁差的力学机制

矩 OP 联合作用的结果就是使地球瞬时自转轴变为 OP_1。由于天体 M 对地球的引力是连续的,该效应是连续不断变化的,其结果就是使地球自转轴在空间中的指向不断变化,这也就

直接导致了春分点的变化,产生日月岁差。

2. 行星岁差

太阳系中,除了日、月对地球的引力外,其他七大行星对地球也有较显著的引力作用,该作用使地月系的质心绕日运动轨道并不是严格的开普勒轨道(该效应称为行星摄动),进而使黄道产生变动,其结果也导致了春分点的移动,产生行星岁差。行星岁差使春分点每年东进约 $0.13''$。

行星摄动使黄轴在空间绕某一不固定的轴做微小转动,使黄赤交角产生变化。而黄极在天球上会沿着一条复杂的螺旋曲线运动。目前的测定结果表明,北黄极每年向北天极靠近约 $0.47''$。

2.3.2　章动的概念

在研究岁差时,假定日地和月地距离不变,则图 2.9 中 AD 和 $A'D$ 产生的力偶不会发生变化,其结果就是天极的位移轨迹为以黄极为圆心的小圆。该天极在天文学及相关学科中被称为平天极,用 P_0 表示。与平天极对应的春分点和赤道分别称为平春分点和平赤道。以平春分点和平赤道为参考确定的天体坐标称为平坐标或平位置。

但是对于实际的日月地系统,无论是月球绕地球公转,还是地球绕日公转,都是沿着椭圆轨道运行的,因此,日地和月地距离就会产生周期性变化,即力偶 AD 和 $A'D$ 也是随时间变化

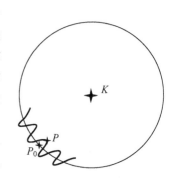

图 2.10　岁差与章动的叠加

的。因此,天极绕黄轴的运动轨迹就不是一个光滑的小圆,而是一种 P 绕 P_0 运动和 P_0 绕 K 运动的叠加,其叠加结果如图 2.10 所示。这种周期性变化即为章动,其周期约为 18.6 年。

2.3.3　岁差与章动的影响

正是由于日月岁差(长周期变化)和章动(短周期变化),以及行星岁差的存在,导致地球自转轴和春分点都是缓慢移动的,考虑到天文观测中的坐标系统,也就是说坐标轴的指向是不断变化的。

相应地,在天文测量中分为瞬时天球坐标系和固定极天球坐标系。瞬时天球坐标系又称为真天球坐标系。其坐标系原点位于地球质心,Z 轴指向瞬时地球自转方向(真天极),X 轴指向瞬时春分点(真春分点),Y 轴按构成右手坐标系取向。而固定极天球坐标系又称为平天球坐标系。其坐标原点位于地球质心,三轴指向固定不变。也只有在这样的坐标系下,才能使用牛顿第二定律研究卫星的运动。从瞬时天球坐标系到固定极天球坐标系的变换则是必须的过程,这样的变换包括岁差旋转变换和章动旋转变换。

2.3.4　协议天球坐标系及由来

由于受岁差和章动的影响,瞬时天球坐标系的坐标轴的指向在不断地变化。在这种非惯性坐标系统中,不能直接根据牛顿力学定律来研究卫星的运动规律。为了建立一个与惯

性坐标系相接近的坐标系,通常选择某一时刻作为标准历元,并将此刻地球的瞬时自转轴(指向北极)和地心至瞬时春分点的方向,经过瞬时的岁差和章动改正后,分别作为 Z 轴和 X 轴的指向。由此所构成的空间固定坐标系,称为所取标准历元 t_0 时刻的平天球坐标系,也称协议惯性坐标系(Conventional Inerial System,简称 CIS)。天体以及 GPS 卫星等的星历通常都是在该系统中表示。

国际大地测量协会和国际天文联合会确定从 1984 年 1 月 1 日起采用 2000 年 1 月 1 日 12 h(J2000.0)的平天球坐标系。这是目前国际上所采用的协议惯性(天球)坐标系。协议天球坐标系与真天球坐标系可以通过岁差与章动的相关改正进行转换。

2.3.5　极移的概念

岁差和章动现象告诉我们,地轴在空间的方向在不断地变化。由于岁差的影响,地球自转轴绕黄道轴以 26 000 年为周期做圆锥运动;而由于章动,这一圆锥面又有微小的波状起伏。此外,地球本体对自转轴有扭动,每个瞬时都在变化着位置,我们把地轴相对于地球本体运动的这一现象,称为地极移动(简称极移)。

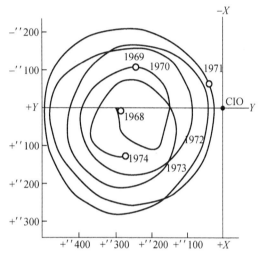

图 2.11　极移轨迹

极移虽然早在 17 世纪就有人从理论上提出,但直到 19 世纪才被天文工作者所发现和证实。因为如果存在极移,那么在相同经度上极移的影响应该是相同,而相差 180° 的经度上,极移的影响应该大小相等,方向相反。天文观测结果证实了这一点。极移轨迹如图 2.11 所示。

那么产生极移的原因是什么呢? 产生极移的原因是多方面的,迄今并未完全为人们所掌握。目前认为极移主要存在着两种现象:一种现象是使地极在表面上绕某点做周期性的近圆周运动,称为地极的周期项移动;一种是趋向于某一个方向的线性移动,称为地极的长期项移动。

某一观测瞬间地极所在的位置称为瞬时极,某段时间内地极的平均位置称为平极。地球极点的变化,导致地面点的纬度发生变化。国际天文联合会(IAU)和国际大地测量与地球物理联合会(IUGG)建议采用国际上 5 个纬度服务(ILS)站以 1900—1905 年的平均纬度所确定的平极作为基准点,通常称为国际协议原点 CIO(Conventional International Origin)。国际极移服务(IPMS)和国际时间局(BIH)等机构分别用不同的方法得到地极原点,与 CIO 相应的地球赤道面称为平赤道面或协议赤道面。

极移是目前天文工作者极为重视的一个研究课题,目前已开始使用人造卫星的无线电多普勒观测和激光观测等手段来研究极移。同时人们也正在研究地震与极移内部机制的相关性。因为两者的起因都与地球表面和内部物质的运动有关。这方面的研究成果必将为预报地震提供更多的可能性。

2.4 坐标系统间的关系及转换

在实际应用中,常常会用到不同的坐标系,这就需要将各种坐标系之间进行转换。本节将介绍与地理坐标系和天球坐标系有关的主要坐标系统之间的关系及转换方法,其中还将涉及瞬时坐标系及协议坐标系等概念。

主要坐标系之间大致有如下关系(图 2.12):

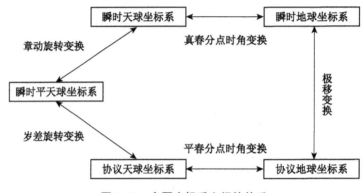

图 2.12 主要坐标系之间的关系

2.4.1 天球坐标系统之间的转换

不同坐标系之间的转换实质上就是不同基准间的转换,运用布尔萨 3 个旋转参数即可实现几个常用天球坐标系统间的转换,3 个旋转参数矩阵为:

绕 X 轴旋转:

$$R(\varepsilon_X) = \begin{bmatrix} 1 & 0 & 0 \\ 0 & \cos \varepsilon_X & \sin \varepsilon_X \\ 0 & -\sin \varepsilon_X & \cos \varepsilon_X \end{bmatrix} \tag{2.11}$$

绕 Y 轴旋转:

$$R(\varepsilon_Y) = \begin{bmatrix} \cos \varepsilon_Y & 0 & -\sin \varepsilon_Y \\ 0 & 1 & 0 \\ \sin \varepsilon_Y & 0 & \cos \varepsilon_Y \end{bmatrix} \tag{2.12}$$

绕 Z 轴旋转:

$$R(\varepsilon_Z) = \begin{bmatrix} \cos \varepsilon_Z & \sin \varepsilon_Z & 0 \\ -\sin \varepsilon_Z & \cos \varepsilon_Z & 0 \\ 0 & 0 & 1 \end{bmatrix} \tag{2.13}$$

1. 地平坐标系与时角坐标系的转换

如图 2.13,两坐标系共用 Y 轴,同属于左手系。

只需要将地平坐标系的 X 轴和 Z 轴绕 Y 轴旋转一个 $\psi = -(90° - \varphi)$ 角,即可转换为时角坐标系：

$$\vec{r}_{时} = R_Y(\varphi - 90°) \cdot \vec{r}_{地} \tag{2.14}$$

即：

$$\begin{bmatrix} X \\ Y \\ Z \end{bmatrix}_{t.\delta} = R_Y(\varphi - 90°) \cdot \begin{bmatrix} X \\ Y \\ Z \end{bmatrix}_{A.h} \tag{2.15}$$

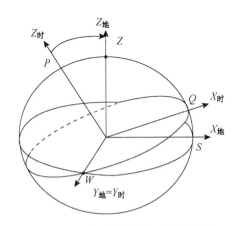

图 2.13　地平坐标系与时角坐标系　　　　图 2.14　时角坐标系与赤道坐标系的转换

2. 时角坐标系与赤道坐标系的转换

如图 2.14，两坐标系共用 Z 轴，时角坐标系是左手系，赤道坐标系是右手系，它们互为异手系：

应先运用转向矩阵使 Y 轴转向，变时角坐标系为右手系；再将时角坐标系绕 Z 轴旋转一个 $\theta = -(\alpha + t) = -t$ 角，即可转换为赤道坐标系：

$$\vec{r}_{赤} = R_Z(-t_r) \cdot P_Y \cdot \vec{r}_{时} \tag{2.16}$$

即：

$$\begin{bmatrix} X \\ Y \\ Z \end{bmatrix}_{a.\delta} = R_Z(-t_r) \cdot P_Y \cdot \begin{bmatrix} X \\ Y \\ X \end{bmatrix}_{t.\delta} \tag{2.17}$$

3. 赤道坐标系与黄道坐标系的转换

如图 2.15，两坐标系共用 X 轴，同属于右手系。

只需将赤道坐标系的 Y 轴和 Z 轴绕 X 轴旋转一个 $\varphi = \varepsilon$ 角，即可转换为黄道坐标系：

$$\vec{r}_{黄} = R_X(\varepsilon) \cdot \vec{r}_{赤} \tag{2.18}$$

即：

$$\begin{bmatrix} X \\ Y \\ Z \end{bmatrix}_{t,\beta} = R_X(\varepsilon) \cdot \begin{bmatrix} X \\ Y \\ Z \end{bmatrix}_{a,\delta} \tag{2.19}$$

以上使用的均为转轴法,另外,还可以使用球面三角法算出坐标系统之间的关系。

如图 2.16,过天体 b 分别作垂直圈和时圈,形成以 P、Z 和 b 为顶点的球面三角。用天体 b 在某一瞬时的地平坐标 (A, z) 及时角坐标 (t, δ) 表示出天文定位三角形三边和三角,运用球面三角基本公式即可得时角坐标到地平坐标的转换关系式:

$$-\sin z \sin A = \cos \delta \sin t \tag{2.20}$$

$$\cos z = \sin \varphi \sin \delta + \cos \varphi \cos \delta \cos t \tag{2.21}$$

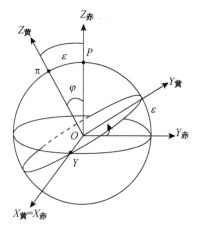

图 2.15 赤道坐标系与黄道坐标系的转换

$$\sin z \sin A = \cos \varphi \cos \delta - \sin \varphi \cos \delta \cos t \tag{2.22}$$

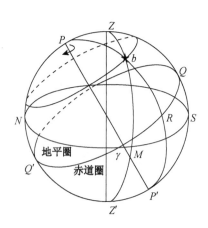

图 2.16 地平坐标系与时角坐标系

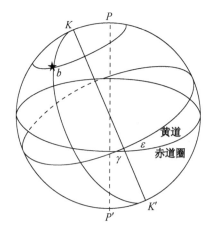

图 2.17 赤道坐标系与黄道坐标系

如图 2.17,以天体 b、北黄级 K 和北天极 P 为顶点构成球面三角形,运用球面三角的正弦公式和余弦公式即可得天球赤道坐标与黄道坐标的转换关系:

$$\sin \beta = \cos \varepsilon \sin \delta - \sin \varepsilon \cos \delta \sin \alpha \tag{2.23}$$

$$\cos l = \frac{\cos \delta \cos \alpha}{\cos \beta} \tag{2.24}$$

2.4.2 地球坐标系统之间的转换

1. 天文坐标与大地坐标间的关系

地理坐标系(图 2.18)通常包括天文坐标系和大地坐标系,这些坐标系均可用二维曲面坐标即经纬度表示。

天文经纬度 (λ, φ) 与大地经纬度 (L, B) 的差异就是当地铅垂线与法线之间的偏差及垂线偏差的反映,同一地面点的天文坐标与大地坐标之间有如下关系:

$$\varphi - B = \xi \qquad (2.25)$$

$$\lambda - L = \eta \cdot \sec \varphi \qquad (2.26)$$

其中,ξ 表示垂线偏差的子午方向分量,η 表示垂线偏差的卯酉方向分量。

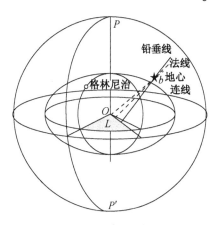

图 2.18　地理坐标系

2. 同一椭球基准下的坐标变换

大地坐标系中的参考面是以长半轴为 a、短半轴为 b 的旋转椭球面。椭球面的几何中心与直角坐标系的原点重合;短半轴与直角坐标系的 Z 轴重合。大地坐标系的第一个参数——大地纬度 B 为过空间点 P 的椭球面法线与 XOY 平面的夹角,自 XOY 面向 OZ 轴方向量取为正。第二个参数——大地经度 L 为 ZOX 平面与 ZOP 平面的夹角,自 ZOX 平面起算右旋为正。第三个参数——大地高程 H 为过 P 点的椭球面法线自椭球面至 P 点的距离,以远离椭球面中心方向为正。参见图 2.7 所示。

同一空间点的直角坐标系与大地坐标系参数间的转换关系如下:
$(B, L, H) \rightarrow (X, Y, Z)$:

$$\begin{cases} X = (N+H)\cos B\cos L \\ Y = (N+H)\cos B\sin L \\ Z = \left[N(1-e^2)+H\right]\sin B \end{cases} \qquad (2.27)$$

$(X, Y, Z) \rightarrow (B, L, H)$:

$$\begin{cases} L = \arctan(Y/X) \\ B = \arctan\left\{Z(N+H)/\left[\sqrt{X^2+Y^2}(N(1-e^2)+H)\right]\right\} \\ H = Z/\sin B - N(1-e^2) \end{cases} \qquad (2.28)$$

其中,$N = a/\sqrt{1-e^2\sin^2 B}$,N 为该点的卯酉圈曲率半径;$e^2 = (a^2-b^2)/a^2$,a, e 分别为该大地坐标系对应参考椭球的长半轴和第一偏心率。式(2.28)中 B 必须通过迭代的方法求解。

3. 不同椭球基准下的坐标变换

地心坐标系的原点与地球质心重合,参心坐标系的原点与某一地区或国家所采用的参考椭球中心重合,通常与地球质心不重合。通常利用布尔萨(Bursa)7 参数模型(图 2.19)实现地心坐标系与参心坐标系之间的转换。

由布尔萨模型得:

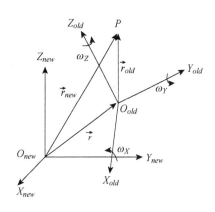

图 2.19　布尔萨(Bursa)7 参数模型

$$\vec{r}_{new} = \vec{r} + (1+m)R_3(\omega_Z)R_2(\omega_Y)R_1(\omega_X)\vec{r}_{old} \qquad (2.29)$$

其中,$\vec{r}$ 是平移参数矩阵,m 是尺度变化参数,$R_3(\omega_Z)R_2(\omega_Y)R_1(\omega_X)$ 是旋转参数矩阵。

当它们均为微小量时,地心坐标系与参心坐标系之间的转换关系式为:

$$\begin{bmatrix} X_{new} \\ Y_{new} \\ Z_{new} \end{bmatrix} = \begin{bmatrix} T_X \\ T_Y \\ T_Z \end{bmatrix} + (1+m)\begin{bmatrix} 1 & \omega_Z & -\omega_Y \\ -\omega_Z & 1 & \omega_X \\ \omega_Y & -\omega_X & 1 \end{bmatrix}\begin{bmatrix} X_{old} \\ Y_{old} \\ Z_{old} \end{bmatrix} \qquad (2.30)$$

2.4.3 天球与地球之间坐标系统的转换

1. 天文经纬度与天球坐标间的关系

(1) 天文纬度与天球坐标间的关系

测站的天文纬度等于北天极的高度角,也等于测站天顶的赤纬,即:

$$\varphi = h_P = \delta_z \qquad (2.31)$$

此关系常用于测定天文纬度。

其中,天顶的赤纬等于观测天体的天顶距与其赤纬之和,即:

$$\delta_z = z + \delta \qquad (2.32)$$

另外,天文纬度和北天极的天顶距互余,即:

$$z_P = 90° - \varphi \qquad (2.33)$$

其中,z_P 为北天极的天顶距。如果测站在南半球,则要注意符号。

(2) 天文经度与天球坐标间的关系

地面 A、B 两地同一瞬间观测同一天体的时角之差,等于 A、B 两地的经差:

$$\lambda_A - \lambda_B = t_A - t_B \qquad (2.34)$$

由此可推出:若在 A 地和格林尼治天文台同时观测同一天体的时角,可得 A 地的天文经度:

$$\lambda_A - \lambda_G = t_A - t_G = \lambda_A \qquad (2.35)$$

2. 瞬时天球坐标系与瞬时地球坐标系之间的转换

瞬时天球坐标系也称真天球(赤道)坐标系:原点位于地球质心,Z 轴指向瞬时地球自转方向(真天极),X 轴指向瞬时春分点(真春分点),Y 轴按构成右手坐标系取向。

瞬时地球坐标系:原点位于地球质心,Z 轴指向瞬时地球自转轴方向,X 轴指向瞬时赤道面和包含瞬时地球自转轴与平均天文台赤道参考点的子午面的交点,Y 轴按构成右手坐标系取向。

瞬时地球坐标系与瞬时天球坐标系的转换关系为:

$$\begin{bmatrix} X \\ Y \\ Z \end{bmatrix}_d = R_Z(\theta_G)\begin{bmatrix} X \\ Y \\ Z \end{bmatrix}_d \qquad (2.36)$$

下标 et 表示对应 t 时刻的瞬时地球坐标系, ct 表示对应 t 时刻的瞬时天球坐标系, θ_G 为对应平格林尼治子午面的真春分点时角。

3. 瞬时天(地)球坐标系与平天(地)球坐标系之间的转换

瞬时天球坐标系的坐标轴指向是不断变化的,也就是说它是一个不断旋转的坐标系。在这样的坐标系中不能直接使用牛顿第二定律,这对研究卫星的运动是很不方便的。因此需要建立一个三轴指向不变的天球坐标系,以便在这个坐标系内研究人造卫星的运动(计算卫星的位置)。而在这个坐标系中所得到的卫星位置又可以方便地变换为瞬时天球坐标系中的值,以便与地球坐标系进行坐标变换。

历元平天球坐标系(简称平天球坐标系)就是三轴指向不变的坐标系。选择某一个历元时刻(即时刻的起算点),以此瞬间的地球自转轴和春分点方向分别扣除此瞬间的章动值作为 Z 轴和 X 轴指向, Y 轴按构成右手坐标系取向,坐标系原点与真天球坐标系相同。这样的坐标系称为该历元时刻的平天球坐标系。

瞬时天球坐标系与平天球坐标系之间的坐标变换可以通过岁差与章动两次旋转变换来实现。

（1）岁差旋转变换

$ZM(t_0)$ 表示历元 J2000.0 年(2000 年 1 月 1 日)平天球坐标系 Z 轴指向, $ZM(t)$ 表示所论历元时刻 t 真天球坐标系 Z 轴指向。由于岁差导致地球自转轴的运动使二坐标系 Z 轴产生夹角 θ_A;同理,因岁差导致春分点的运动使二坐标系的 X 轴 $XM(t_0)$ 与 $XM(t)$ 产生夹角 ζ_A、Z_A。通过旋转变换得到两个坐标系间的变换式如下:

$$\begin{bmatrix} X \\ Y \\ Z \end{bmatrix}_{M(t)} = R_Z(-Z_A)R_Y(\theta_A)R_Z(-\zeta_A)\begin{bmatrix} X \\ Y \\ Z \end{bmatrix}_{M(t_0)} \tag{2.37}$$

其中, ζ_A、θ_A、Z_A 为岁差参数。

（2）章动旋转变换

在已进行的岁差旋转变换的基础上,还要进行章动旋转变换。类似地有:

$$\begin{bmatrix} X \\ Y \\ Z \end{bmatrix}_{c(t)} = R_X(-\varepsilon - \Delta\varepsilon)R_Z(-\Delta\Psi)R_X(\varepsilon)\begin{bmatrix} X \\ Y \\ Z \end{bmatrix}_{M(t)} \tag{2.38}$$

其中, ε 为所论历元的平黄赤交角, $\Delta\Psi$、$\Delta\varepsilon$ 分别为黄经章动和交角章动参数。

（3）固定极地球坐标系——平地球坐标系

瞬时地球坐标系是依瞬时地球自转轴定向的,这将使地球上的测站在该坐标系内不能得到一个确定不变的坐标值。与天球坐标系一样,需要定义一个在地球上稳定不变的坐标系。这一稳定不变的坐标系与瞬时地球坐标系应能方便地进行坐标转换。

平地球坐标系与瞬时地球坐标系的转换关系为:

$$\begin{bmatrix} X \\ Y \\ Z \end{bmatrix}_{en} = R_Y(-x_p'')R_X(y_p'')\begin{bmatrix} X \\ Y \\ Z \end{bmatrix}_{et} \tag{2.39}$$

下标 em 表示平地球坐标系, et 表示 t 时的瞬时地球坐标系; x_p'' 与 y_p'' 为 t 时刻以角度表示的极移值。

4. 协议地球坐标系和协议天球坐标系之间的转换

为了建立一个与惯性坐标系统相接近的坐标系,人们通常选择某一时刻作为标准历元,并将此刻地球的瞬时自转轴(指向北极)和地心至瞬时春分点的方向,经过瞬时的岁差和章动改正后,分别作为 X 轴和 Z 轴的指向,由此建立的坐标系称为协议天球坐标系(CIS)。国际大地测量协会和国际天文学联合会决定,标准历元设为 J2000.0。

由于地球的地极在不断地变化, Z 轴指向的定义,一种是协议地球坐标系(CTS),一种是瞬时地球坐标系。协议地球坐标的 Z 轴由协议地极方向确定。1960 年国际大地测量与地球物理联合会决定以 1900.0—1905.0 五年地球自转轴瞬时位置的平均值作为地球的固定极,称为国际协定原点 CIO。平地球坐标系的 Z 轴指向国际协定原点 CIO。

协议地球坐标系和协议天球坐标系的转换关系为:

$$\begin{bmatrix} X \\ Y \\ Z \end{bmatrix}_{\text{CTS}} = R_Y(-x_p)R_X(-y_p)R_Z(\theta_G)NT\begin{bmatrix} X \\ Y \\ Z \end{bmatrix}_{\text{CIS}} \tag{2.40}$$

第3章 时间系统及其换算

时间是人们日常生活中所应用的时间计量。时间的计量是天文学中一个基本课题,也是天文学的一个重要应用部门。时间是相对的,时间观念是和一些具体的事务密切相关的。只有和事物有联系时,时间才有意义。人类对于时间的认识首先是生存的需要;其次是发展生产的需要;再者是建立唯物主义宇宙观的需要。本章将主要介绍天文学中几种常见的时间系统以及它们之间如何进行相互的转换。

3.1 时间及其度量的基本概念

时间与空间一样,都是物质存在的一种形式,宇宙万物都在时间的长河中发生、发展与变化着。斗转星移,日月盈亏,寒来暑往,潮涨潮落……总是一件事接着一件事,一个过程跟着另一个过程,绵延不断,反映出时间既是无始无终的,又是连续不断的。这种物质运动变化的序列和持续的性质,就是时间的本质。时间不能完全脱离于空间,必须和空间结合在一起。空间目标的表征和现象是随时间变化而变化的。

3.1.1 时间的重要意义

人类和自然界中的万物都是在一定的时间和空间里生存、发展和消亡的。时间和空间是物质存在的基本形式。时间是基本物理量之一,它反映了物质运动的顺序性和连续性。人们在进行科学研究,生产活动以及日常生活中都离不开时间。在空间定位技术中时间也是非常重要的一个物理量。例如:

GPS 卫星是以 3.9 km/s 左右的速度围绕地球高速运动的。当要求观测瞬间的卫星位置误差≤1 cm 时,所给出的观测时刻的误差至少应≤2.6×10^{-6} s。

用测距码进行伪距测量时,我们是通过观测卫星信号的传播时间来确定卫星至接收机间的距离的,若要求该距离的误差≤0.1 m,则信号传播时间的量测误差至少应≤3×10^{-10} s。

3.1.2 时间的含义

时间包含"时刻"(又称历元)和"时间间隔"(又称时间段或时段)两种不同的含义,时间间隔是指事物运动处于两个不同的(瞬间)状态之间所经历的时间和历程,它描述了事物运动在时间上的持续状况。而时刻指发生某一现象的时间。在空间定位技术中我们通常把观测时间称为"历元"。显然所谓的时刻实际上是一种特殊的(与某个约定的起点时刻之间的)时间间隔。而时间间隔是指某一事件发生的始末时刻之差。所以时间间隔测量也称为相对时间测量,时刻测量则被称为绝对时间测量。

3.1.3 量度时间的基本方法

时间测量需要一个标准的公共尺度,称为时间基准。一般来说任何一个可观测的周期性运动,如能满足下列条件都可作为时间基准:

(1) 该运动是连续的,周期性的。

(2) 运动周期必须充分稳定。

(3) 运动周期必须具有复现性,即要求在任何时间和地点都可通过观测和实验复现这种周期性运动。

3.1.4 时间系统的建立

自然界中具有上述特性的运动很多,如早期的燃香、沙漏;游丝摆轮的摆动、石英晶体的振荡、原子的谐波振荡等。迄今为止用来建立时间基准的主要有下列三种:

(1) 地球自转。它是建立世界时间基准的基础,其稳定度约为 1×10^{-8}。

(2) 行星绕太阳的公转运动。它是建立力学时间基准的基础。

(3) 电子、原子的谐波振荡。它是建立原子时间基准的基础,其稳定度约为 1×10^{-13}。

原子时是迄今为止稳定度和复现性都是最好的时间系统。

3.1.5 时间的基本单位

时间的基本单位是国际单位制秒(s)。无论建立何种时间基准,最终都是为了获得高精度、高稳定度的时间尺度——秒。国际目前统一采用国际原子时的秒长作为时间测量的基准。大于 1 秒的时间单位,如分、小时、日等以及小于秒的时间单位,如毫秒(10^{-3}秒)、微秒(10^{-6}秒)、纳秒(10^{-9}秒)等都是由秒派生出来的。

目前国际上有许多单位和专门机构来测定和维持各种时间系统,并通过各种方式将有关的时间信息播发给用户使用,这些工作称为时间服务。较为著名的有国际时间局(BIH)、美国海军天文台(USNO)等。我国的陕西天文台(CSAO)也在开展此项服务。

3.2 世界时系统

地球的运动(自转与公转)是自然界中一种较均匀的运动,且与人类的生产活动极为密切,古语"日出而作,日入而息"正是地球自转的反映,人们很自然地把地球自转作为时间基准。这种以地球自转为基准的时间系统便是世界时系统。选择不同的参考点,将对应不同的时间系统。

3.2.1 恒星时

以春分点为参考点来测定地球的自转周期,即由春分点的周日视运动所建立的时间单位系统,称为恒星时系统。

1. 恒星日、恒星时

春分点连续两次经过同一子午圈上中天的时间间隔为一个恒星日(d)。1 个恒星日＝24 个恒星时(h),用 s 表示;1 个恒星时(h)＝60 个恒星时分(m),1 个恒星时分(m)＝

60 个恒星时秒(s)。

因为恒星时是以春分点通过本地子午圈时为原点计算的,同一瞬间不同测站的恒星时各异,所以恒星时具有地方性,就是说恒星时是一种地方时,也称之为地方恒星时。

由于岁差和章动的影响,地球自转轴在空间的方向是不断变化的,故春分点有真春分点和平春分点之分。相应的恒星时也有真恒星时和平恒星时之分,真恒星时是通过直接测量子午线与实际的春分点之间的时角获得的,考虑了地球自转不均匀的影响;平恒星时则忽略了地球的章动,不考虑地球自转不均匀的影响。真恒星时与平恒星时之间的差异最大可达 0.4 s。如果测站为格林尼治天文台,则得到格林尼治真(平)恒星时。

2. 测定恒星时的方法

由恒星日定义:只要知道某地春分点的时角,也就知道了该地的恒星时。春分点为黄道与赤道的交点,不是一个实在的天体,不能直接通过测定它的时角来确定恒星时,所以采取以下转化法测定:

$$t_{春分点} = \alpha_{任一天体} + t = s \tag{3.1}$$

3.2.2 太阳时

太阳时的参考点为太阳,以太阳的周日视运动来测定地球的自转周期,所建立的时间计时系统,称为太阳时系统。

1. 真太阳日、真太阳时

太阳中心连续两次经过地方上子午圈的时间间隔为一个真太阳日(d)。1 个真太阳日=24 个真太阳时(h),1 个真太阳时(h)=60 个真太阳时分(m),1 个真太阳时分(m)=60 个真太阳时秒(s)。

真太阳时也是一种地方时,用符号 $t_\odot$ 表示。

2. 平太阳日、平太阳时

由于真太阳的视运动速度是不均匀的,引入平太阳概念(以真太阳周年视运动的平均速度运动的假想太阳,称为平太阳)。以平太阳为参考点,由平太阳的周日视运动所决定的时间,称为平太阳时。用 m 表示。

平太阳的时间尺度为平太阳连续两次经过本地子午圈的时间间隔为一个平太阳日;1 个平太阳日=24 个平太阳时。平太阳时的起算原点为平太阳通过本地上子午圈时刻(上中天、平正午)。

(1)平太阳时的优点

弥补了真太阳日不均匀的缺陷,平太阳时均匀。

平太阳虽然也像春分点一样看不见,但可以通过观测真太阳进行化算;(η 为真太阳时与平太阳时之差,也称时差)

$$\eta = t_\odot - m \qquad (\eta \text{ 可从天文年历中查取})$$

平太阳与真太阳极为接近,有利于人们安排生活和工作。

（2）平太阳时的缺点

起算点与人们的习惯不一致，使用不便。

3.2.3 民用时

为避免平太阳时使用不便，1925 年天文学家们决定将起始点从平正午移至平子夜，并称这样的平太阳时为民用时。任一时刻的民用时 m_c 与平太阳时 m 之间存在下列关系：

$$m_c = m + 12^h \tag{3.2}$$

3.2.4 世界时

格林尼治零子午线处的民用时称为世界时。它与平太阳时尺度相同，是以平子夜（下中天）为零时起算的格林尼治平太阳时。

随着科技的发展，人们发现：地球自转轴存在极移现象，地球自转速度也不是均匀的，因此世界时不再严格满足建立时间系统的基本条件，从 1956 年起在世界时中引入极移改正 $\Delta\lambda$ 和地球自转速度的季节性改正 ΔTs。由此得到的世界时分别称为 UT_1 和 UT_2，UT_0 为未经改正的世界时。

$$UT_1 = UT_0 + \Delta\lambda$$
$$UT_2 = UT_1 + \Delta T_s \tag{3.3}$$

应当指出：上述（3.3）式只是经验公式，仍有些不规则项难以改正，所以经过改正 UT_1 和 UT_2 仍不是一个严格均匀的时间系统。由于世界时与太阳密切相关，因而在天文学及人们的日常生活中被广泛应用，但在许多高科技高精度的应用领域无法使用。

3.2.5 区时、北京时

为了避免各地使用地方时带来的混乱，1884 年在华盛顿召开国际经度会议时，为了克服时间上的混乱而建立按经度分区的时区制度，以便于在同一时区内有统一的计时方法。国际规定，以经线为界，将全球分为 24 个区，每区跨经度 15 度，以中央经线的地方时为本区统一使用的标准时，这样的区叫做时区，这样的时间叫做区时。零时区定义为：以格林尼治子午圈为基准，各向东西 7.5 度，如此 15 度经差的区域称为零时区。其区时简记为 T_0。如图 3.1 所示。

图 3.1 时区划分

$$T_{UT} = T_0 \qquad T_n = T_0 + n \qquad T_{北京时} = T_8 \tag{3.4}$$

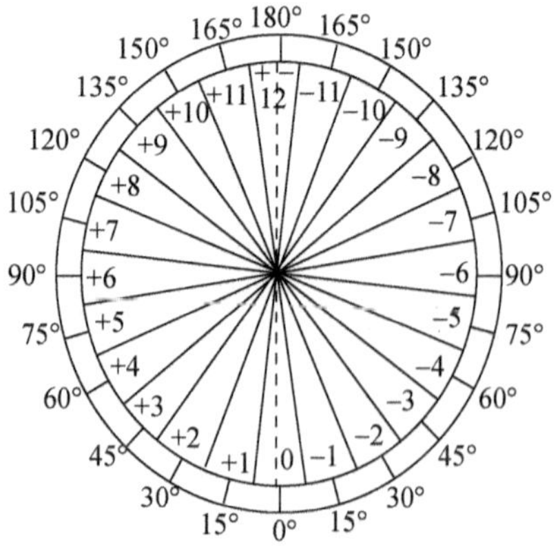

同一时区时间相同，不同时区小时不同，但分、秒完全一样。在我国采用首都北京所在地东八区的时间为全国统一使用时间。图 3.2 为世界时区划分图。

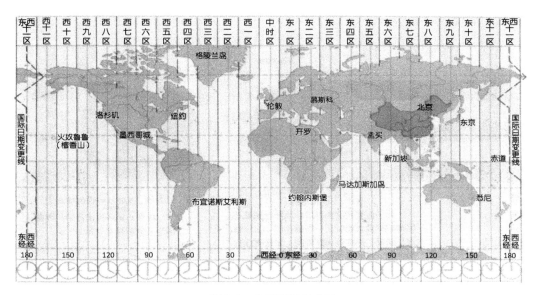

图 3.2 世界时区划分图

3.3 力学时系统

天体的星历是根据天体动力学中的运动方程而编算的,方程中时间参数 T 是一个独立的变量,该时间被定义为力学时,显然力学时是均匀的。开普勒行星运动定律和牛顿相关定律都必须基于一个比较精确的所谓力学时系统。因此,根据行星在太阳系中的运动所得到的时间,称为力学时。

3.3.1 历书时

由于世界时不均匀,从 1960 年起引入以地球绕日公转为基础的均匀的时间系统,称为历书时。它是由天体力学的定律确定的均匀时间,又称牛顿时。1960—1967 年间它是国际公认的计时标准。历书时的定义为 1900 年 1 月 1 日 12 h 所对应的回归年长度的 1/31 556 925.974 7为历书时 1 秒。由于回归年的长度在缓慢地变化,而 1900 年 1 月 1 日 12 h 所对应的回归年长度为 31 556 925.974 7 平太阳秒,因而按上述定义确定的"秒"实际上即为平太阳时的"秒"。历书时的起始时刻为 1900 年 1 月 1 日,这就保证了历书时和世界时的相应衔接。历书时可以通过对太阳、月球或其他行星的观测而获得,由于误差的影响,实际测得的历书时的精度只能稳定在 10^{-7} 量级,而且提供又很不及时,故从 1984 年起被地球力学时和太阳质心力学时替代。

历书时和世界时(UT_2)的关系用下式表示:

$$ET = UT_2 + \Delta T \tag{3.5}$$

ΔT 中除包含长期变化外,还包含不规则变化,它只能由观测决定,而不能用任何公式推测。

3.3.2 地球力学时

地球力学时的基本时间单位为秒,取原子时的秒为地球力学时的秒,故它是一个均匀的时间系统。IAU 会议决定规定国际原子时(IAT)1977 年 1 月 1 日 $00^h\ 00^m\ 00^s$ 这一瞬间所对应的地球力学时为 1977 年 1 月 1 日 $00^h\ 00^m\ 32.184^s$,即地球力学时 TDT 和国际原子时 IAT 间有下列关系:

$$TDT = IAT + 32.184^s \tag{3.6}$$

其差值 32.184^s 是原子时开始使用时(1977 年 1 月 1 日 0^h)IAT 与历书时 ET 间的估值。这样便能使 TDT 与 ET 相应衔接。

给出天体在地心坐标系中的视位置的历表中的时间引数用地球力学时,计算天体在地心坐标系中的运动方程中的时间变量也用地球力学时。

3.3.3 太阳系质心力学时

TDB 是一种抽象的均匀的时间系统。月球、太阳、行星的历表都是以 TDB 为时间变量的,岁差和章动的计算公式也是以 TDB 为时间变量的。它与地球力学时 TDT 的差别是由相对论效应而引起的。两者间有下列关系式:

$$TDB = TDT + 1.658^s \times 10^{-3}(M + 0.016\ 7\sin M) + 2.073^s \times 10^{-5}\sin L -$$
$$2.03^s \times 10^{-6}\cos\varphi[\sin(UTC - \lambda) - \sin\lambda] \tag{3.7}$$

其中,M 为太阳的平近点角,即:

$$M = (357.128^s + 35\ 999.050°T) \times \frac{2\pi}{3\ 600} \tag{3.8}$$

L 为太阳黄经与木星黄经之差,即:

$$L = L_\odot - L_木 = (323.870 + 32\ 946.472T) \times \frac{2\pi}{360} \tag{3.9}$$

λ,φ 为钟所在地的经纬度;

UTC 为协调世界时;

T 为从 1900 年 1 月 0.5 日起算的儒略世纪数。

(3.7)式表明 TDB 和 TDT 之间的差异中仅含有周期性变化项,不含有长期项。

3.4 原子时系统

有人这样描述原子时:"作为科技进步的产物,全面采用原子时,意味着人们可以完全摆脱地球自转与日月更替,孤独地奔跑在向前的路上。"在学习世界时相关知识以后,我们来走入原子时的世界。本节具体介绍原子时的定义,国际原子时的确定,现行的国际计时标准——协调世界时以及 GPS 时间系统。

3.4.1　原子时

由于地球自转存在不稳定性,且随着原子物理学理论和观测的快速发展,人类已经可以比较容易地观测电子、原子的谐波振荡,而且该类周期性运动受外界环境的影响极小。20世纪 50 年代建立了精度和稳定性更高的、以物质内部原子运动特征为基础的原子时系统。因为物质内部的原子跃迁所辐射和吸收的电磁波频率具有很高的稳定性和复现性,由此而建立的原子时(AT, Atomic Time)成为当代最理想的时间系统。

1967 年 10 月,第十三届国际度量衡大会通过了精确的原子时秒的定义:位于海平面上的铯原子基态两个超精细能级间在零磁场中跃迁辐射振荡 9 192 631 770 周所持续的时间为 1 原子时秒,原子时在起点时刻与 UT_2 是重合的。

3.4.2　国际原子时

原子时定义确定后,其实现由各国独立完成,原子时是通过原子钟来守时和授时的。但因各国的设施水平、观测条件以及 UT_2、AT 实现等方面的原因,国际上的原子时系统并不统一。

因此,在 1977 年建立了国际原子时(IAT, International Atomic Time)系统。国际原子时由设在法国巴黎的国际计量局(BIPM, Bureau International des Poids et Mesures) 时间部（time department)建立并保持。BIPM 分析处理全世界约 50 个时间实验室的 200 多台原子钟数据,得到综合时间尺度——国际原子时(BIPM 2011),其稳定度约为 1×10^{-13}。其中,中国科学院国家授时中心有 19 台铯原子钟和 4 台氢原子钟的数据定期传送给 BIPM,是国际原子时建立和保持的主要实验室之一。

3.4.3　协调世界时

原子时虽然具有很高的稳定度,但因地球自转变换,随着时间的推移,其结果导致原子时累计的日与实际的平太阳日产生偏差,于是提出了一种既保留了原子时的精确性,又兼顾民用时特点的世界时系统——协调世界时 UTC,UTC 的秒定义为 AT 秒。通过置闰秒,即跳秒,UTC 与 UT 的差值保持在 0.9 s 内(通常在 6 月 30 日 24 h 或 12 月 31 日24 h 进行跳秒)。因地球自转长期变慢,目前置闰秒都是正向置闰秒。1979 年 12 月,UTC 开始作为民用时使用。中国自 1981 年 1 月 1 日起采用 UTC 作为民用时的计时单位。所以,现在我们所说的北京时间实际上是以 UTC 为基础的。

在使用过程中,人们还是发现了 UTC 的不足,因 UTC 需要置闰秒,所以不是一个均匀变化的连续时间系统,而且,地球自转变慢是一个十分缓慢的过程,这在日常生活中很难觉察出来。所以,也有观点认为直接使用 IAT 即可,没有必要采用 UTC 作为民用时。

3.4.4　GPS 时间系统

GPS 时间系统采用原子时秒长作为时间基准,时间起算原点定义在 1980 年 1 月 6 日 UTC 的零时。时间系统内包括三种钟:铯钟、铷钟、石英钟。系统守时选用的是高精度的铯原子钟组,数台钟同时运行,选择优良钟作为主钟,由主控站和 GPS 卫星上的原子钟共同控制,主钟发布的时间即为 GPST,其余为备份钟。GPST 属于原子时系统,其秒长与原子时

相同,但与 IAT 具有不同的原点,关系式为:

$$IAT - GPST = 19 \text{ s} \tag{3.10}$$

GPS 时间系统采用原子时秒长作为时间基准,时间起算的原点定义在 1980 年 1 月 6 日协调世界时 UTC 的零时,启动后不跳秒,保证时间的连续。以后随着时间积累,GPS 时与 UTC 时的整秒差以及秒以下的差异通过时间服务部门定期公布。

3.5 常用的时间系统换算

前面主要介绍了几种常用的时间系统,选用不同的周期运动现象,就对应不同的时间系统。为了方便实际的应用,不同的时间系统之间需要进行换算。本节介绍几种常用的时间系统之间的换算。

3.5.1 平时与恒星时

两者只是选择的参考点不同而产生差异。因地球在自转的同时绕日同向公转,所以平太阳日要比恒星日略长。如图 3.3 所示。

$$s_2 - s_1 = (m_2 - m_1)(1 + \mu) = (m_2 - m_1)(1 + \frac{1}{365.242\ 2})$$

$$m_2 - m_1 = (s_2 - s_1)(1 - \gamma) = (s_2 - s_1)(1 - \frac{1}{366.242\ 2}) \tag{3.11}$$

其中,365.242 2 是由太阳日表示的一个回归年长度,366.242 2 则是由恒星日表示的一个回归年长度。

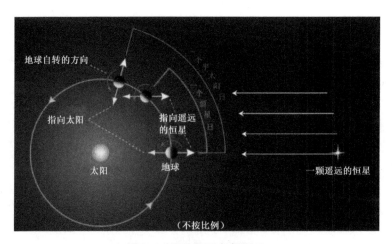

图 3.3　平太阳日与恒星日

例 1　由北京到上海的火车走了 $14^{\text{h}} 58^{\text{m}} 48.576^{\text{s}}$ 恒星时,问走了多少平时?
解:　由(3.11)式可得

$$\bar{s} = \bar{m}(1 + \mu) = 14^{h}\,58^{m}\,48.576^{s} \times (1 + 0.002\ 737\ 91)$$
$$= 15^{h}\,01^{m}\,16.228^{s}$$

所以火车走了 $15^{h}\,01^{m}\,16.228^{s}$ 平时。

3.5.2 国际原子时与 GPS 时

因 $GPST$ 实际上就是原子时的一种派生时间系统，其转换为：

$$IAT = GPST - 19^{s} \tag{3.12}$$

3.5.3 国际原子时与地球力学时

地心地球动力学时与国际原子时的转换为：

$$TDT = IAT + 32.184^{s} \tag{3.13}$$

3.5.4 区时、世界时与地方时

因地球为球形，为了方便各区域地方时的使用，同时又很好地兼顾与世界时基准的统一及转换，国际上规定，以本初子午线东西各 7.5 度范围计，15 度为中央时区，然后以 15 度为步长向东(西)方向扩展，依次定义为东(西)一区，东(西)二区，……，直至东西各有十二区，全球被分为 24 个时区。每一时区中央经线处的地方时为该时区的区时。在东西十二区附近，同时考虑地域、政治等方面的因素，划定了以折线型的国际日期变更线(图 3.2)。已知时区与未知时区有如下关系：

$$T_{n} = T_{m} - (m - n) \tag{3.14}$$

其中，T_{m} 为已知时区的区时，T_{n} 为所求时区的区时，其时区序数分别为 m 和 n。m 和 n 在东时区取正值，在西时区取负值。

例 2　已知东二区为 5 月 4 日 4 时，求西三区的时间？

解：　$T_{-3} = T_{2} - [2 - (-3)]$
　　　　　$= 5$ 月 4 日 4 时 $- 5$ 时
　　　　　$= 5$ 月 3 日 23 时

同理，利用(3.14)式进行地方时换算时也很简便，不同的是每相关一个经度，地方时相差 4 分钟。

例 3　当东经 175°地方时为 6 月 1 日 8 时 50 分时，西经 160°地方时是多少？

解：　$T_{-160°} = 6$ 月 1 日 8 时 50 分 $- [175 - (-160)] \times 4$ 分
　　　　　$= 6$ 月 1 日 8 时 50 分 $- (335 \times 4)$ 分
　　　　　$= 6$ 月 1 日 8 时 50 分 $- 22$ 时 20 分
　　　　　$= 5$ 月 31 日 10 时 30 分

因此西经 160°地方时为 5 月 31 日 10 时 30 分。

第4章 天文测量误差分析

大地天文测量的主要任务是测定测站的经纬度 (λ, φ) 和某一方向的方位角，这些数值一般不是直接测得的，而是通过天体的坐标 $(z, A, t, \alpha, \delta)$ 解算出来的。天体的赤经 α 和赤纬 δ 可以从天文年历中查取，A 和 z 是在测站上直接观测而得，至于 t 则与 α 有关，在解算定位三角形时，在一个测站上，任一天体在同一瞬时的几种天球坐标值 α、δ、A、z 和 t 应相对于天球上同一点位。但是由于各种因素，使天球坐标产生了微小的变化，如蒙气差、视差、光行差、岁差、章动和行星自行。为使用方便，在天文年历中恒星坐标已经加入了岁差、章动长期项，恒星自行、周年光行差的改正，而对于周日光行差、章动短期项等没有考虑，这些改正对于高精度的天文观测是有影响的，本教材主要讨论三、四等精度的天文测量，所以重点介绍蒙气差和视差的改正。

4.1 天文测量误差来源

由于各种因素影响，在观测天体坐标位置时会产生一些微小的偏差，例如蒙气差、视差、光行差等，为此需要对这些偏差进行一系列的改正。本节将讨论天文测量的误差来源以及恒星各种位置的区别与联系。

4.1.1 天文测量方法思路

要测定地面点的天文经纬度 (λ, φ) 和某一方向的方位角，必须首先确定各观测天体的位置（各大天文台站的任务为负责编制发布天文年历）；然后通过观测某一天体获得 $(z, A, t, \alpha, \delta)$ 等数据，其中，z、A 是通过测站直接观测得到，α、δ 可以从天文年历中查取，t 则与 α 有关；最后进行观测数据的处理，包括观测结果的各项改正和天文成果的归算。

天体在天球上的位置是通过定位三角形解算获得的，为此定位三角形的解算理论上要求：在同一测站，任一天体在同一瞬间的几种天球坐标值应该相对应于天球上的同一点位。然而实际上天体坐标会受各种因素影响而产生微小的变化，这些微小的变化便是误差的源头。

4.1.2 天文测量中的主要误差

由于以下各种因素，使得天体在天球上的坐标产生了微小的变化：

（1）岁差、章动——坐标系相对于恒星的运动；

（2）极移——坐标系相对于刚体地球的运动；

（3）自行——恒星在空间的运动（下文将详细介绍）；

（4）蒙气差——由测站位置不同引起目标方向的变化；

（5）光行差——由观测者运动引起的天体方向变化。

天文年历中恒星的坐标已加入了岁差、章动长期项、恒星自行、周年光行差改正。

所谓恒星自行即恒星在一年内沿着垂直于视线方向走过的距离对观测者所张的角度，其单位为角秒/年。

1718 年，E. 哈雷把他当时观测所得的恒星位置同喜帕恰斯和托勒密的观测结果作比较，发现恒星的位置有显著的变化，首次指出了所谓恒星不动的概念是错误的。实际上，恒星在空间是运动的。

观测到的恒星运动包括：

（1）恒星的真正的运动，又称本动；

（2）太阳运动引起的视运动，又称视差动。

恒星自行是很小的，一般小于每年 0.1″。只有 400 多颗恒星的自行等于或大于每年 1″，巴纳德星的自行最大，为每年 10.31″。引起恒星位置变化的原因，除自行外，还有岁差，这两项加在一起，称为恒星的年变。除去岁差的影响，即可求得绝对自行。

一、二等高精度的天文观测必须考虑周日光行差、章动短期项。

三、四等低精度的天文观测只需讨论蒙气差和视差的改正。

4.1.3　恒星各种位置的含义

本书前文已经介绍了影响恒星在天球上位置发生变化的各种现象：大气折射、光行差、视差、岁差与章动、自行。显然，按各公式算出各种影响改正数，并对恒星的坐标加以改正，便可以消除这些现象对坐标的影响，从而求得观测瞬间恒星的正确坐标。

由于所加改正数的不同，使得恒星的位置有观测位置、视位置、真位置和平位置（测瞬平位置和岁首平位置）等之分。

恒星各种位置之间的相互关系如下：

$$观测位置＝视位置＋大气折射＋周日视差＋周日光行差$$
$$视位置＝真位置＋周年光行差＋周年视差$$
$$真位置＝测瞬平位置＋章动$$
$$测瞬平位置＝岁首平位置＋岁差＋自行$$

从而得到：

$$视位置＝岁首平位置＋岁差＋自行＋章动＋周年光行差＋周年视差 \tag{4.1}$$

岁首是天文学上为归算恒星位置采用的一种起算历元即每年 1 月 1 日。

1. 恒星视位置计算

在天文测量的计算中，要用到观测瞬间恒星的真赤道坐标 α、δ，而星表中所刊载的是恒星在某一历元（称星表历元）的平赤道坐标。

把恒星的星表历元平位置换算为观测历元的视位置，就是视位置计算（相当于已知点坐标解算）。

2. 星表的概念以及分类

概念：恒星位置表（简称星表）是刊载恒星在某一历元（称星表历元）的平赤道坐标（赤经、赤纬）的表。

星表中除了载有各恒星的平坐标外,有的还给出每个恒星的周年(百年)自行、平坐标的周年变化(岁差＋自行的周年变化)和长期变化等数据,以供天文以及其他有关部门使用(图4.1)。

赤经 h.m.s	赤经自行 s/century	赤纬 d.f.m	赤纬自行 "/century	Ur km/s	周年光行差 "	星等
0.0030923	-1.008	59.333486	-2.36	-33	0.000	6.40
0.0119267	0.182	49.585379	-0.65	-20	0.000	5.36
0.0137024	0.001	61.132195	-0.09	-23	0.000	2.23
0.0149402	0.110	-3.013914	-0.97	23	0.000	5.91
0.0157631	0.342	-6.005070	-4.11	-12	0.006	5.33
0.0210202	6.270	27.045516	-99.21	-36	0.100	6.04
0.0219943	0.146	-29.431333	1.56	-0	0.000	5.83
0.0229706	-0.621	8.290773	-4.67	10	0.000	4.80
0.0236165	0.173	66.055584	-0.88	-18	0.000	6.17
0.0326105	-0.099	63.383004	0.10	0	0.000	4.94
0.0344391	0.184	-17.200959	-0.91	-5	0.007	2.04

图4.1 星表的内容

由于编制的方法不同,星表可以分为两大类(图4.2):

(1)原始星表

原始星表是由天文台(站)用精密仪器直接测定恒星位置的一种星表。

(2)复制星表

不是用仪器直接测定,而是根据许多互不相关而独立测定的绝对星表或相对星表编制而成。目前天文测量中普遍使用的 FK4 和 FK5 等星表,均为复制星表。

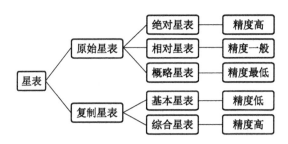

图4.2 星表的分类及精度评定

4.2 蒙气差与误差改正

大地天文测量的主要任务是测定测站的天文经纬度和某一方向的方位角,既然要进行观测,就必然经过所处星球外的大气层。众所周知,大气层可分为对流层、平流层、中间层、电离层和外层,各个层的密度及性质不同,光线传播时就会发生复杂的折射现象,本节所研究的天文测量误差就与其有关,称为蒙气差。

4.2.1 蒙气差及其影响

由天体 b 发出的光线在经过地球表面的大气层时,产生折射现象,使得来自星光的方向在垂直面内发生连续变化,称为蒙气差,也即垂直大气折射或天文折射。蒙气差对天体的方位角没有影响,但使天体的天顶距减小了。

以上误差影响基于：①测站到天体的距离非常遥远，地球的大气层的厚度与测站到天体的距离相比只是一个微小量时，才有 bk 近似平行于 Mb_0；②包围地球的大气层为等密度层（实际上大气层的密度越接近地面越大）。

蒙气差产生示意图如图 4.3 所示。

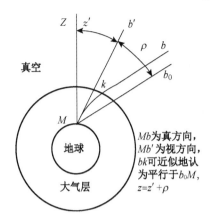

Mb 为真方向，
Mb' 为视方向，
bk 可近似地认为平行于 b_0M，
$z=z'+\rho$

图 4.3　蒙气差产生示意图

4.2.2　计算蒙气差的近似公式和实用公式

要计算蒙气差，可以将大气层划分为无限个无穷薄的与地球同心的球层，各层之间的密度不同，而各层内的密度是均匀的，通过一系列相当复杂的积分求得蒙气差（图 4.4）。即使这样，观测时实际的蒙气差与实际计算得到的仍然是不一样的，因为所得到的任何计算蒙气差的公式在理论上并非完全符合实际。

计算蒙气差的近似公式：

根据光的折射定律，可得如下等式：

$$\frac{\sin z}{\sin z_n}=\frac{\mu_n}{\mu_{n+1}} \qquad \frac{\sin z}{\sin z'}=\frac{\mu_1}{\mu_{n+1}}=\mu_1$$

$$\frac{\sin z_n}{\sin z_{n+1}}=\frac{\mu_{n-1}}{\mu_n} \qquad \Rightarrow \frac{\sin(z'+\rho)}{\sin z'}=\mu_1$$

$$\vdots \qquad \Rightarrow \frac{\sin z'\cos\rho+\cos z'\sin\rho}{\sin z'}=\mu_1$$

$$\frac{\sin z_2}{\sin z_1}=\frac{\mu_1}{\mu_2} \qquad \Rightarrow \cos\rho+\cot z'\sin\rho=\mu_1$$

(4.2)

当观测地平上的天体，其蒙气差最大，理论上约为 $35''$；一般情况下只是个微小量，于是有：

$$1+\rho''c\tan z'\sin 1''=\mu_1\rho'' \Rightarrow \qquad =\frac{\mu_1-1}{\sin 1''}\tan z'$$

当地面空气的温度为 0 ℃，气压为 760 mmHg 时；

$$\rho=60''.29\tan z'$$

实际工作中要考虑气压和气温变化的改正。

当 $z'=90°$时，该式无意义！为此应观测 $z'\leqslant75°$的天体。

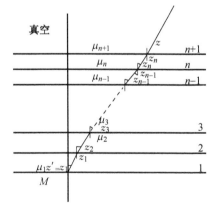

图 4.4　光的传播路线

计算蒙气差的实用公式：

根据蒙气差的微分方程推出较精确的积分公式，再经过理论上的某些假设和一些改化而得。

$\rho=\rho_0(1+\alpha A+B)$ 此式用于天顶距在 $45°\sim75°$的天体；

$\rho = \rho_0 (1 + A + B)$ 此式用于天顶距小于 45°的天体。

其中,ρ 为蒙气差,ρ_0 为平蒙气差,即在标准大气情况下的蒙气差,在每年的天文年历附表中可以查取。

查表计算实例:观测某星测得其天顶距为 $74°15'12''$,观测时气温、气压分别为 $t = 12.5\ ℃$,$H = 754.5\ mmHg$。求蒙气差及该星的真天顶距。

解: 以 $z' = 74°15'$ 为引数,查蒙气差及蒙气差订正表,得:

$$\rho_0 = 210.26'' \qquad \alpha = 1.015$$

再分别以 $t = 12.5\ ℃$,$H = 754.5\ mmHg$ 为引数,查蒙气差订正表,得:

$$A = -0.045\ 75 \qquad B = -0.007\ 25$$

于是

$$\rho = \rho_0 (1 + \alpha A + B) = 198.97'' = 3'18.97''$$

因此该星的真天顶距为 $z = z' + \rho = 74°18'30.97''$。

4.3 视差与误差改正

在天体观测的过程中,由于地球的自转使得观测者的位置总是不停地变化,进而观测同一天体的方向总是发生变化,从而产生了视差的概念。很多情况下天体的观测必须要顾及视差的影响,本节主要介绍视差的概念及其误差改正。

4.3.1 视差概念

所谓视差,就是由于测站位置不同而引起的目标方向的改变。这种现象有两种含义:目标方向的变化和方向变化的角值。如图 4.5 所示,当在测站 A 观测天体 C 时,方向为 AC,当在测站 B 观测天体 C 时,方向变为 BC,AC 方向与 BC 方向相差了角度 C,因而视差也可以这样定义:观测目标对测站 A 和 B 所张的角值。

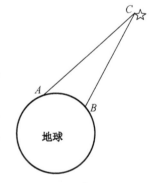

图 4.5 视差的概念

就本课程而言,由于所有恒星离我们都很远,故无论我们在地球上任何位置观测恒星,其视差总是很小的,可忽略不计。但是观测近地的太阳、月亮和行星,则必须考虑视差。

由于视差的存在,从地球上不同地点至太阳、月亮的方向也不同,即使在同一点,因为地球在自转,因此在不同瞬间,同一地点观测太阳、月亮的方向也不同,为使观测成果能相互比较,要求改算为至观测天体的同一方向线。由于地心在空间的位置几乎不受地球自转运动的影响,也就是推求太阳或月亮对测站到地球中心这段距离所张的角度。

4.3.2 视差的误差改正

视差又有周日视差、周年视差之分。地心、站心与日心天球坐标关系如下:

地心坐标＝站心坐标＋周日视差改正

$$日心坐标＝地心坐标＋恒星的周年视差 \qquad (4.3)$$

1. 周日视差

在实用天文测量中,对于太阳系中的各天体,只观测太阳,所以我们这里讨论太阳的视差。所谓太阳的视差就是太阳中心对地球半径所张的角度,用符号 p 表示,随着地球的自转,p 值也随之变化,故 p 也叫做太阳的周日视差。

太阳的周日视差,其值不大于 $9''$,因而可以把地球当做圆球,这样的假设对于视差影响不会超过 $0.03''$,不会影响最后计算结果的精度,故可以忽略。

在图 4.6 中,p 为太阳的周日视差,M 为测站,r 为地球半径,D 为日地距离,z 为太阳的地心天顶距,z' 为太阳的地面天顶距。

由图可知,为推求太阳的周日视差 p,按正弦公式解平面三角形 MOS,得:

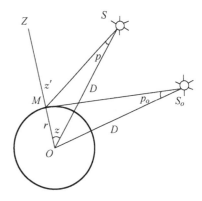

$$\frac{\sin p}{\sin(180° - z')} = \frac{r}{D} \qquad (4.4)$$

即

$$\sin p = \frac{r}{D} \sin z' \qquad (4.5)$$

图 4.6　周日视差示意图

由上式可以看出,太阳周日视差与太阳天顶距有关,由于太阳天顶距在一日内存在周期性变化,所以视差也存在周期性变化,天顶距 z 越大,视差也越大,当 $z = 90°$(太阳在地平上)时,p 值最大,这时的视差称为地平视差,用 p_o 表示,如图 4.6,在三角形 OMS 中

$$\sin p_o = \frac{r}{D}$$

将上式代入(4.5)式得:

$$\sin p = \sin p_o \sin z'$$

由于 p 和 p_o 均为微小量,故上式可以写成

$$p = p_o \sin z' \qquad (4.6)$$

地平视差 p_o 随日地间的距离变化而有着微量的变化,根据天文计算,当地球在远日点 $p_o = 8''94$,在每年的天文年历太阳表中逐日刊载 p_o 值,以备查用。

若要将太阳的地面天顶距 z' 化为地心天顶距 z,将式(4.4)代入式(4.2),得:

$$z = z' - p_o \sin z' \qquad (4.7)$$

假设地球为圆球,则太阳的周日视差只发生在 $ZMOS$ 竖直平面内,故对太阳的水平方向没有影响。

2. 周年视差

地面上的测站除了随地球自转变更其所在空间的位置外,还随地球公转而在空间移动。

测站半年的往返约 3 亿公里,使得某些距离较近
的恒星也产生视差现象,由于这一现象随一个恒
星年变化,故称为周年视差。

如图 4.7,b 为被观测到的恒星,当地球位于
E_1,E_2,E_3,…,观测 b 时,b 在天球上的投影为
b_1,b_2,b_3,…,观测者在一个恒星年内所见 b 视
位置沿一个小椭圆轨道移动。其中心 b_0 即在太
阳上所见 b 在天球上的投影,显然在太阳上观测
恒星,其视位置将不受周年视差影响。

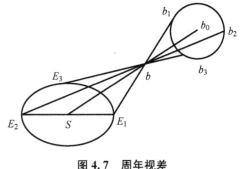

图 4.7　周年视差

4.4 光行差与误差影响

在日常生活中,雨点本来是垂直下落的,但是在雨天乘坐公共汽车或火车的时候,你会
发现雨水在车辆玻璃上的痕迹是倾斜的,从车辆前进方向的上端斜向玻璃的下端。同样当
我们站在地球上观察遥远的恒星的时候,所看到的星光方向,就与假设地球不动时所看到的
方向不一样,由此便产生了光行差。本节主要介绍光行差的概念、主要类型和观测时产生的
误差影响。

4.4.1　光行差概念

在同一瞬间,运动中的观测者所观测到的天体的视方向,同静止的观测者所观测到的天
体的真方向之差,称为光行差。

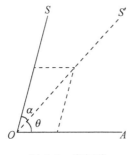

图 4.8　光行差

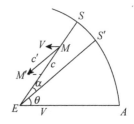

图 4.9　周年光行差

如图 4.8 所示,假设地球不动时所看到恒星的方向是 OS,由于天文观测者在地球上随
地球一起向 OA 方向运动,这时所看到的星光方向就是 OS',因此就会产生角度大小为 α 的
偏差,这时我们就把 α 称为光行差。

光的有限速度率和地球沿着绕太阳的轨道运动引起的恒星位置的视位移为光行差。在
一年内,恒星似乎围绕它的平均位置走出一个小椭圆,这样的光行差现象是英国天文学家布
拉德雷在 1725—1728 年发现的。

地球的公转速度约为 30 km/s,光速为 30 万 km/s,由此可以估算出光行差带来的角度
变化约为几十角秒。在精细的天文观测计算中,需要考虑这种光行差引起的天体视位置的
影响。

4.4.2　光行差的类型

根据地球上的观测者与天体之间的相对运动,可以将光行差分为:周年光行差、周日光行差、长期光行差等。

1. 周年光行差

周年光行差是由于地球公转运动产生的光行差,如图 4.9 所示。设地球公转线速度为 V,由于运动的相对原理,若以地球作参照系,恒星 M 的光线除了以速度 c 前进外,而且还获得一个与地球公转线速度大小相等、方向相反的相对速度 V。于是 c 与 V 的合成方向是 MM',而观测者实际看到的 M 方向是 $ES'(ES' /\!/ MM')$,不是 ES,两个方向的夹角就是周年光行差。ES' 是天体的视方向,S' 是它的视位置。

天文学中定义周年光行差常数(简称光行差常数)为:

$$k = \frac{V}{c} \qquad (4.8)$$

其中,c 是光速,V 是地球绕太阳公转的平均速度。

2. 周日光行差

周日光行差是由于地球自转造成的光行差,如图 4.10,它的大小与测站跟随地球自转的线速度有关。设光速为 c,纬度为 φ 的自转线速度为 v_{φ},测得周日光行差的最大值为:

$$k_{\varphi} = \frac{v_{\varphi}}{c} \qquad (4.9)$$

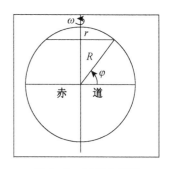

图 4.10　周日光行差

3. 长期光行差

太阳系在宇宙空间中的运动造成的光行差,包括:太阳本动造成的光行差和太阳绕银河系自转造成的光行差。

上述几种光行差的最大值分别为 $20''$、$0.3''$、$13''$、$170''$。其中周日光行差与周年光行差已经实测,而太阳本动光行差与银河系自转光行差是理论导出的。光行差数据可从理论导出,而理论导出值的精度远比实测的精度高得多。

4.4.3　光行差的误差影响

光行差是观测者的运动速度与星光的运动速度相结合(相对运动)产生的一种光学效应。各种光行差对恒星的观测均会产生影响。由于光行差位移的存在,在研究应用恒星坐标时,必须加以修正。

由地球的周期性运动引起的周年光行差最大可以达到 20.5 角秒,周日光行差比周年光行差小两个数量级,约为零点几角秒;由太阳本动产生的长期光行差约为 13 角秒,但是方向不变,因而只有在研究相对于无本动太阳的问题时,才需要考虑它的影响;太阳系绕银河系自转产生的光行差约为 100 多角秒,但太阳本动产生的光行差以及银河系自转产生的光行差数值虽大,因周期很长(2.5×10 年),光行差的大小与方向在几千年中可以看成是不变的,所以在一般研究中可以不予考虑。

如果研究的课题涉及的时间达数十万年以上,这种光行差的影响就同周年光行差相当,必须加以考虑。

第5章 无线电时号与时间比对

用天文方法测定准确的时刻,然后用无线电按一定的方式把标准时间发播出去(播时),以供人们使用的工作,称为时间工作(或称时间服务)。时间服务不仅为日常生活和生产所必需,更重要的是与许多科学实验有密切的关系。

建立时间计量系统,提供时间服务分三个方面:测时、守时和授时。测时是通过天文观测某一周日视运动的天体,测定某一瞬间地方恒星时,进一步换算获得世界时;守时是采用时钟及钟差来实现时间的表示和保持,通过多个天文台的大量长期观测、相互时间比对、综合处理、不断校正时钟,来获取世界时的标准时刻;授时是各天文台将守时得到的标准时刻用无线电信号的形式发播出去,各天文台互相收录(收时)并进行时间比对、综合处理、确定时号改正数,以"授时公报"形式发播给用户,用于钟面时比对。

中国科学院国家授时中心前身是陕西天文台,是以时间频率研究、授时服务为主,同时开展天体测量学、太阳物理、日地关系、天体力学、人造卫星观测与研究的综合性天文研究机构。70年代初自正式承担中国标准时间、标准频率发播任务以来,中国科学院国家授时中心为国民经济发展等诸多行业和部门提供了可靠的高精度的授时服务,基本满足了国家的需求。特别是为以国家的火箭、卫星发射为代表的航天技术领域作出了重要贡献。

本章主要介绍我国发播短波无线电时号的情况,以及有关无线电时号的时间对比工作。

5.1 无线电时号的型式

无线电时号是在给定的时间,按照一定的频率和格式,用无线电的形式发播出去。根据无线电的频率不同可分为短波和长波无线电时号;根据时号发播的时间系统不同可分为世界时和协调世界时。本节主要介绍无线电时号的含义及其型式的分类。

5.1.1 无线电时号的定义

所谓无线电时号,就是天文台或授时台利用无线电方法,在给定的时间按一定的频率和格式,将测定的精确时刻发播出代表某种时间尺度的信息(时刻讯号),以供测量、航运及科学研究之用。它有短波无线电时号和长波无线电时号之分。

1902年,法国首先在巴黎埃菲尔铁塔顶层试验发播短波无线电时号,取得成功。接着,德、英、美等国也相继试验,收到良好效果。于是一个崭新的无线电授时时代开始了。

目前,全世界有50多个国家通过短波(或长波)电台,每天发播各自的标准时间信号。有些国家还利用卫星、电视和网络系统,开展授时服务。我国现代授时工作,由中国科学院国家授时中心承担。

天文台、站发播任何一个时号,都必须公布下面几个主要内容:

（1）发播哪一种时间系统的时刻；

（2）采用哪一种形式和频率发播；

（3）每天发播的时间程序。

天文测量时，观测员需要收讯，记录时刻讯号所对应的钟面时，进行时间比对，求出正确钟面时。

5.1.2　无线电时号的型式

1. 旧型时号和新型时号

无线电时号的型式可分为旧型时号和新型时号。

（1）旧型时号

通过自动化控制设备用键控方法切断或接通而产生秒讯号。按时号发播的格式，有国际式时号、科学式时号、平时式时号等。

（2）新型时号

由标准频率源所发出的音频去调制载波而产生的脉冲时刻讯号，一般是伴随着发播标准频率而发播。讯号的起点或终点比较稳定清晰，各国广泛采用。

2. 世界时和协调世界时

根据时号发播时间系统不同，目前国际上播时有世界时（UT）和协调世界时（UTC）两种时号系统。

（1）世界时 UT 时号的发播形式

目前只有我国发播世界时 UT 时号，按世界时 UT 每秒发一长为 0.1 s 的短讯号，而在整分（0 s）开始发一长为 0.3 s 的长响讯号。

（2）协调世界时 UTC 时号的发播形式

目前世界各国均发播协调世界时 UTC 时号，按协调世界时 UTC 每秒发一响长为 5 ms 的点讯号，而在整分（0 s）开始时发一长为 0.3 s 的长响讯号。

3. 如何得到 UT_1 时间

在协调时发播时号中用特殊的标志（如重秒讯号）表示出 UT_1 与 UTC 之间的差值 DUT_1。

（1）当 DUT_1 为正时，则从整分长响讯号后第一个秒讯号开始连续发 n 个加重秒讯号（图 5.1）。

$$DUT_1 = n \times 0.1 \tag{5.1}$$

$$UT_1 = UTC + DUT_1 \tag{5.2}$$

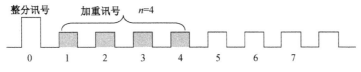

图 5.1　DUT_1 为正时的时号发播

（2）当 DUT_1 为负时，则从整分长响讯号后第九个秒讯号开始连续发 n 个加重秒讯号（图 5.2）。

$$DUT_1 = -(n \times 0.1) \tag{5.3}$$

$$UT_1 = UTC + DUT_1 \tag{5.4}$$

（3）当 DUT_1 为 0（或小于 0.1 秒）时，则不发加重秒讯号。

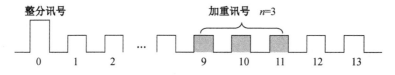

图 5.2　DUT_1 为负时的时号发播

5.1.3　传统天文计时系统的工作原理

传统天文计时系统的工作原理是测时、守时和授时同时进行的,利用三者得到的资料并加以综合改正后,用于测量、航运及科学研究。具体原理流程如图 5.3 所示。

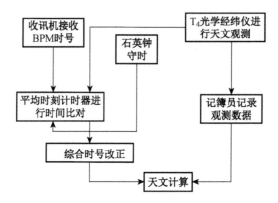

图 5.3　传统天文计时系统的工作原理

5.2　我国 UT_1 和 UTC 短波时号的发播程序

我国现代无线电授时发端于中国科学院南京紫金山天文台徐家汇观象台的 BPV 时号,后由上海天文台负责。依据各天文台联合测定和保持的时间,每天定时发播标准时间、标准频率信号及呼号。本节将主要介绍我国短波时号的发播程序及其发播范围,并将两种时号进行对比,分析优缺点。

5.2.1　国家授时中心建设回顾

新中国前的授时工作开启于 1902 年。中国海关曾制定海岸时,以东经 120 度之时刻为标准。位于北京的中央观象台将全国分为五个时区,1939 年 3 月 9 日中华民国内政部召集标准时间会议,确认 1912 年划分之时区为中华民国标准时区。1914 年开始用无线电发播时号,电台呼号为 FFZ,当时是世界上少数几个授时台之一。

新中国的无线电授时早期由南京紫金山天文台负责,后由上海天文台负责。由于上海地处东南一隅,且不能 24 小时连续发播,难以适应国家大规模经济建设,特别是对大地测量的需要。

标准时间频率发播意义深远,国家的授时自主掌握与否关乎国家的国防安全与主权。

1964 年中国第一颗原子弹爆炸,使最高决策层更加意识到,高精度的时间在未来尖端科技领域具有决定性的作用,建设中国独立自主的标准时间授时台迫在眉睫。

1965 年国防科委提出"在西安地区建立短波授时台,以满足第一颗人造卫是的需要"的建议,同时提出建立中国长波、超长波授时电台的问题。

1966 年经国家科委批准筹建"西北天文台",选址位于大陆腹地的陕西省蒲城县,离大地原点仅 100 公里,发射的时间信号便于覆盖全国;地质构造稳定,授时中心因地震等灾难被毁坏的系数极小;更由于其重要性,所以建在内陆地区相对比较安全。

1970 年短波授时台试播,电台呼号为 BPM,发播频率为 2.5 MHz,5.0 MHz,10.0 MHz,15.0 MHz,其覆盖半径为 3 000 km。自 1981 年 7 月 1 日起,陕西天文台正式承担发播中国短波时号任务,同时上海天文台停止 BPV 时号发播。

70 年代初,经国务院和中央军委批准,增建长波授时台(BPL),其发播频率为 100 kHz,覆盖半径为 6 000 km。1986 年通过由国家科委组织的国家级技术鉴定后正式发播长波时号。

2001 年 3 月,中国科学院陕西天文台更名为中国科学院国家授时中心,标志着我国建立了基本的时间频率体系。

国家授时中心自创建以来为国民经济发展等诸多行业和部门提供了可靠的高精度的授时服务,特别是为以火箭、卫星发射为代表的航天技术领域作出了重要贡献。

5.2.2 陕西天文台 UT 和 UTC 短波时号的发播程序

UTC 与 UT₁ 混合短波时号 BPM(BPMc,BPM1),全天 24 小时连续发播,每天北京时间 8 点至 22 点使用 10 MHz、15 MHz,22 点至次日 8 点则使用 5 MHz、10 MHz。为避免与其他 UTC 短波时号相互干扰,UTC 时号发播时刻比国际 UTC 时刻超前 20 ms。

长波时号 BPL 的频率为 100 kHz,发播时间为星期一至星期五北京时间 19 点至 24 点。它使授时精度提高了一千倍以上。以原子时间为基准发播长波时号,覆盖 1 000 km 左右,比此更远的地方,则需借助天波讯号。

图 5.4 为发播程序。

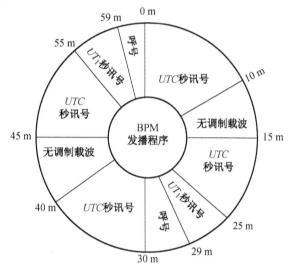

图 5.4 发播程序

5.2.3 台湾地区台北 BSF 授时台发播的短波 BSF 短波时号

台湾地区台北 BSF 授时台在每天北京时间 9 点至 17 点同时用 5 MHz 和 15 MHz 两种频率发播 UTC 短波时号。发播的程序为:每小时按发 5 分钟停 5 分钟的规律交替地进行播时。

5.2.4 两种时号的对比分析

短波时号,其发射和接收的设备比较简单、成本低、信号的覆盖范围大,但仍有 26 个国家共 49 个短波授时台发播时号。由于靠天波经过高空电离层的一次或多次的反射才能把无线电时号传播到较远的地方,而电离层的反射性能不稳定,特别是太阳活动激烈时,无线电波急剧衰减,甚至中断。因此,短波时号传递时刻的精度很难超过 0.5 ms,不能满足科技发展的需要。

长波时号,主要是沿着地球表面(地波)和通过最低电离层的反射等路径传播,故其衰减比短波时号小,波形的相位也比较稳定,可准确到几微秒,且采用新的时间同步技术,例如电视同步、卫星传播、网络授时和超长波等新技术使时间传播的精度可以提高到±0.1 μs。

5.3 时号收录与时间比对

日常收听广播电台每小时发播一次的"整点报时"可以进行时间比对(即对表)。例如收听广播电台发播8点的时号,当听到这一报时信号最后一长响时,立即记下自己的表面时刻,由此记录下来的对表过程,称为收时。显然,通过收时可以核对所用钟表的表面时刻是否正确。

5.3.1 基本概念

时号收录就是用收讯机按时号的频率收听该时号的时刻讯号,并记录本地钟面时刻。

时间比对则是通过收录时号将本地的钟与授时台的钟进行时间对比,以求得本地钟面时刻与授时台发播的标准时刻之差。

5.3.2 收时方法

常用的收时方法有:耳目法、停表法、电子记时器法。

对于三、四等天文测量可用耳目法、停表法;对于一、二等天文测量则用电子记时器法,精度可达毫秒级以上。

1. 耳目法

所谓耳目法,即用眼睛注视钟的秒数,当听到整分时号长响开始瞬间,立即记下这瞬间的相应的钟面时,先估读并记下秒针的读数(估读到0.1 s),再读计分针和时钟的读数,然后记下相应的世界时(北京时亦可)。若用"耳目法"收时,则可得6个相应整分时号的钟面时;将各钟面时加一归算值 C 归算至中央时号世界时 T_0 所对应的中央时号的钟面时。所谓中央时号世界时,就是收录时号的时刻中数;各次时号的归算值 C_i 对恒星钟来说就是将各整分时号世界时 T_{0i} 至中央时号世界时 T_0 这一平时时间间隔化为恒星时间隔,即

$$C_i = (T_0 - T_{0i}) + (T_0 - T_{0i})\mu \tag{5.5}$$

时号收录手簿及归算见表5.1

表 5.1 时号收录手簿及归算一

日期 1980 年 4 月 26/27 日	天文钟:No:2466		时号:BPM_1
世界时 T_{0i}	钟面时 X_i'	归算值 C_i	中央时号钟面时 X_i
$12^h 55^m$	$10^h 47^m 51.4^s$	$+z^m 30.41^s$	$10^h 50^m 21.81^s$
56	4 851.6	+130.25	21.85
57	4 951.7	+030.08	21.78
58	5 051.9	−030.08	21.82
59	5 152.1	−130.25	21.85
1 300	105 252.2	−230.41	105 021.79
中央时号世界时 $T_0 = 12^h 57^m 30^s$		中央时号钟面时 $X_0 = 10^h 50^m 21.817^s$	

2. 停表法

所谓停表法,通常是指利用电子秒表收时,在时号的任意秒信号的开始瞬间,按下电子秒表,此时电子秒表就是显示秒信号开始瞬间的表面时,并记下这个时刻,然后再按一下电子秒表。按同样的方法,再在任一秒信号的开始瞬间,按下电子秒表,并记下这个时刻,共收录 10 个时号,在收录这 10 个时号中,要求至少有两个时号是整分信号,以便确定时号的时刻,见表 5.2,用电子秒表收录无线电时号,十次平均数的中误差可达 ±0.02 s。

表 5.2　时号收录手簿及归算二

日期　1982 年 1 月 10/11 日　天文钟:No:15　时号:BPM_1

	世界时	表面时		世界时	表面时
第一次收录时号	$11^h 36^m$	$10^h 07^m 23.41^s$ 23.50 53 63 42 57 60 54 56 61	第二次收录时号	$12^h 27^m$	$12^h 27^m 24.51^s$ 24.57 46 64 68 46 54 58 52 42
中数		$10^h 07^m 23.527^s$	中数		$12^h 27^m 24.538^s$

这两种收时方法,多用于三、四等低精度的天文测量(如果用电子秒表,只测定纬度和方位角,则可用于二等天文测量)。对于一、二等或更高精度的天文测量,目前采用电子计数器法,即用电子记数代替人工读表,精度可达毫秒级以上。

5.4　钟差与钟速

在进行天文测量的过程中,经常需要知道精确时刻,这时就要用到计时的仪器——天文钟和天文表。天文钟是精密的计时仪器,它的行走速度可以调节成恒星时或平太阳时;有秒针且行走准确的手表或挂表,可以作为天文表来使用,但是它是按平太阳时速度行走,属于平太阳表。

天文钟和天文表都是人工制造的,即使质量再好,也不可能走得与平时时刻或恒星时刻一点不差,这就使得钟表的表面时刻(简称表面时)与应有的正确时刻不一致。因此,根据钟表获得正确的时刻是十分重要的,而这一过程就需要知道钟表相对于正确时刻的钟差以及钟速等数值。

5.4.1　钟差

钟差是指某一瞬间的正确时刻 T 与瞬间的钟面时刻 X 之差,用符号 μ 表示,则

$$\mu = T - X \tag{5.6}$$

需要注意的是同一钟表同一时刻所采用的标准比对时间不同,所得的钟差也会不一样。天文观测时所用的天文表有两种:一种是以恒星时作为标准比对时间,叫做恒星时表;另一种是以民用时作为比对时间,叫做平时表。

$$恒星时表:\mu = S - S' \tag{5.7}$$

$$平时表:\mu = T - T' \tag{5.8}$$

无论是天文表还是以其他标准时间为准的钟差,都会有正有负,正号表示钟走得慢,负号表示钟走得快。同时,由于时表的结构不完善以及外界条件的变化,钟差是随时间在变化的,任一钟表在不同时刻有不同的钟差,所以在说到钟差的时候,一定要强调是什么时刻的钟差,否则就没有意义了。

5.4.2 钟速

我们在上面提到不同的时刻对应着不同的钟差,现在用钟速来衡量钟差的变化。钟速是指单位时间内钟差的变化,用符号 ω 表示,钟速本身的大小不能判别钟的好坏,判别时钟质量优劣的标准是钟速的稳定性。设 μ_1 和 μ_2 分别为表面 T_1 和 T_2 时刻瞬间的表差,则表速为

$$\omega = \frac{\mu_2 - \mu_1}{T_2 - T_1} = \frac{\mu_2 - \mu_1}{\Delta T} \tag{5.9}$$

若上式中的 $\Delta T = T_1 - T_2$ 分别取 1 d、1 h、1 m 为单位,则算得的钟差分别为周日表速,小时表速和每分表速,分别用 ω d、ω h、ω m 来表示。

钟速的值有正有负,正值表示钟越走越慢,负值表示钟越走越快。钟速也是在变化的,同样在说钟速的时候我们也要强调是哪一时间段内的钟速。钟速完全不变的时表或钟速变化非常微小的时表,即使钟速稍大,也是良好的时表。天文表的质量就是通过收录时号推算钟速的变化来鉴定的。

5.4.3 钟差的化算

天文测量需要正确的时刻,所以在读得瞬时的钟面读数时,必须加上钟面的瞬时的表差才可以得到准确的时间。由于钟速的存在,要求得瞬时的钟差就必须根据已知的钟差,求出任一观测瞬间的钟差,即表差的计算。

在天文测量中,根据已知的某一钟面时刻 T_1 的钟差 μ_1 和钟速 ω,推求任一钟面时刻 T 的钟差 μ,按钟速定义计算公式如下:

$$\mu = \mu_1 + \omega(T - T_1) \tag{5.10}$$

上式中后一项 $\omega(T - T_1)$ 被称为表速改正数,即钟差在 $(T - T_1)$ 时间段内的变化量;式中的 ω 可以认为在 $(T - T_1)$ 时间段内是不变的或者是该时段内的均值。

5.4.4 钟漂

钟漂是钟速在单位时间内的变化,表示钟速稳定性的参数,用 y 表示,设 ω_1 和 ω_2 分别

为表面 T_1 和 T_2 时刻瞬间的钟速,则钟漂为:

$$y = \frac{\omega_2 - \omega_1}{T_2 - T_1} = \frac{\omega_2 - \omega_1}{\Delta T} \tag{5.11}$$

钟漂一般应用于更高精度的时间测量以及分析钟表的稳定性。

第6章　实用天文测量

实用天文测量是通过对天体的观测确定时间及地面点在地球上的坐标和地面目标的方位角,即用天文方法解决地面点的定位。本章将由介绍天体的视运动切入,重点讲述天文经度、纬度、方位角的测量原理与方法。由于传统的测量方法不能同时测定地面点的天文经纬度和方位角,且受蒙气差影响较大,本章最后还将介绍同时测定天文经纬度及方位角的原理与方法。

6.1　天体的视运动

就像人坐在奔驰的火车里看到外面的房屋、树木在向后跑一样,地球每天绕自转轴自西向东旋转一周,地球上的人们就会看到所有的星星每天都绕着一个旋转轴自东向西旋转一周。这个旋转轴即为与地球自转轴方向一致的天轴。所谓天体视运动,就是指观测者在地面上所见到的天体运动的现象和规律。

6.1.1　天体的周日视运动

地球每天绕自转轴自西向东旋转一周,由此产生了天体东升西落的现象,并称这种以一昼夜为周期绕地球自东向西运动的现象称为天体周日视运动。天体周日视运动并不是天体在空间的真运动。

天体周日视运动的轨迹称为周日平行圈,它垂直于极轴,平行于赤道的小圆。

1. 不同纬度处的周日视运动

在不同的纬度地区,观测者所看到的星空范围与周日视运动现象不同。

(1)测站在北极上

在北极点,北天极与天顶重合,真地平圈与天赤道重合,赤纬圈与高度圈重合。天体与真地平圈平行地运行,高度永远等于天体的赤纬 δ。如图 6.1 所示。

(2)测站在赤道上

天体周日平行圈垂直于观测者真地平圈,并且被它平分。因为 $\delta < 90°$,所以,所有的天体有出没。对于 $\delta = 0°$ 的天体,沿着东西圈运行,东西圈与天赤道重合,其余天体将都不通过东西圈。如图 6.2 所示。

(3)测站在北半球一般纬度地区

测站在地球上任意地方,此时 $0° < \varphi < 90°$,地平圈与赤道斜交,天体的周日平行圈与地平圈斜交,有三种情况:

拱极星:恒星永远在地平面上,即永不降没。($\delta > 90° - \varphi$)

不升星:恒星永远在地平面下,即永不升出。($|\delta| > 90° - \varphi, \delta < 0°$)

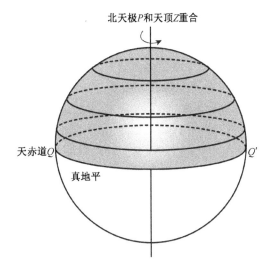

图 6.1　在北极上看到的天体周日视运动现象

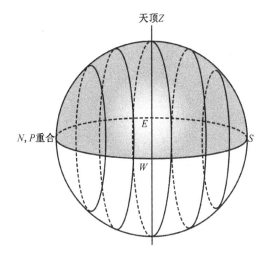

图 6.2　在赤道点看到的天体周日视运动现象

出没星:除了拱极星、不升星外的所有星。$(\,|\,\delta\,|<90°-\varphi\,)$

2. 周日运动引起天体地平坐标的变化

天体经过观测者的子午圈时称为中天。经过包括天极、天顶的那半个子午圈时,称为上中天;经过包括天极、天底的那半个子午圈时,称为下中天。上中天是天体距离天顶最近的时刻,下中天是天体距离天底最近的时刻。

天体在周日运动中,它的地平坐标 z 和 A 随着时间的变化而变化。即同一天体在不同时刻其 z 和 A 的值是不同的。现说明其变化的情况如下。

（1）天顶距 z 的变化

如图 6.3 所示,对于在天顶南过子午圈的天体,它的周日圈在东半球且刚上升到达地平圈处即东升点时,$z=90°$、$h=0°$;随着天体的上升,z 值渐小,h 值渐大,当到达子午圈处(此时称为天体上中天)时,z 减至最小值,h 则增至最大值;此后,天体由东半球转入西半球,并逐渐下降,z 值随之渐大,h 值随之渐小,直到天体到达地平圈处(西没点)时,又有 $z=90°$、$h=0°$;之后,z 继续增大(h 变为负值),当天体到达下子午圈处(此时称为天体下中天)时,z 大于 $90°$ 并达最大值(h 达最小值)。由此可知,每一个天体在一昼夜内都有两次中天,一次上中天,此时 z 为最小值,h 为最大值(例如太阳在正午时高度最高);另一次是下中天(过下子午圈瞬间),此时 z 为最大值。

如图 6.3 所示,对于拱极星的周日圈,当该星由西半球转入东半球到达下子午圈(下中天)时,z 为最大(h 为最小);之后,z 随天体的

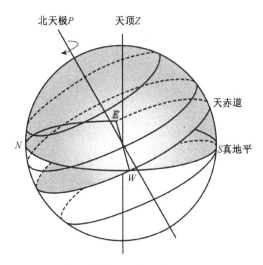

图 6.3　在一般纬度区看到的天体周日视运动现象

上升而渐小（h 渐大），当到达上子午圈（上中天）处时，z 为最小（h 为最大）。由此可知，拱极星的 z 总小于 $90°$。

（2）方位角 A 的变化

天体在天顶南上中天（南星）：天体的方位角 A 从南点 S 起算，由图 6.3 可以看出，天体在上中天处时，$A=0°$；之后，随着天体的西移，A 渐增大。当天体到达卯酉圈处时，$A=90°$；到达下中天处时，$A=180°$；此后，天体转入东半球，当它到达东卯酉圈处时，$A=270°$；直到天体周日视运动一周回到上中天时，$A=360°$。由此可知，这些南星方位角的变化是由 $0°$ 渐增至 $360°$。

天体在天顶北上中天（北星）：凡在天顶 Z 以北上中天的天体，它们的周日圈与卯酉圈都不相交（它们的垂直圈都在卯酉圈以北），所以它们的方位角 A 的变化有其特殊的地方。如图 6.3 所示，对某天体的周日圈，可找出在西边和东边切于天体周日圈的两个垂直圈，于是当天体在上中天处时，它的方位角 $A=180°$；此后，天体转入西半球，A 渐减小，直到天体到达和在西边的垂直圈相切处时，减小到最小，此时天体过西大距；显然，西大距后，A 又开始增加，当天体到达下中天处时，又出现 $A=180°$；之后，天体转入东半球，A 继续增大，直到天体过东大距；过东大距后，A 又开始减小，直到上中天处时，又出现 $A=180°$。由此可知，北星的方位角 A 值总是大于 $90°$，小于 $270°$，在上中天和下中天时均为 $180°$，西大距时 A_W 为最小（$90°<A_W<180°$），东大距时 A_E 为最大（$180°<A_E<270°$），在东、西大距时，天体的星位角 $q=90°$。

（3）天体在几个特定位置上的坐标

研究天体在天球上的特定位置的坐标，有助于分析天体周日视运行的变化规律。本节讨论的特定位置有：天体经过中天（上中天和下中天）、天体经过卯酉圈、天体出没地平。如图 6.4 所示，天体经过上中天时又可分为天体经过天顶南且赤道南、天顶南且赤道北、天顶北三种情形。

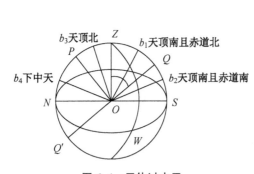

图 6.4　天体过中天

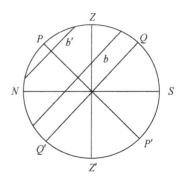

图 6.5　天体过中天时天文定位三角形

天体过中天时，定位三角形合成一条大圆弧（图 6.5）。

天体过上中天时，$t=0°$（或 $t=0^h$）；当 $\varphi<\delta$，则 $A=0°$，$z_m=\delta-\varphi$（天顶以北上中天）；当 $\varphi>\delta$，则 $A=180°$，$z_m=\varphi-\delta$（天顶以南上中天）。

天体过下中天时，$t=180°$（或 $t=12^h$），则 $A=180°$，$z_m=180°-(\varphi+\delta)$。

天体过卯酉圈时，在天文定位三角形中 $\angle PZb=90°$；过西卯酉圈时，$t_W=t$，过东卯酉圈时，$t_E=-t$。由于卯酉圈垂直于子午圈，故其方位角：$A_W=90°$，$A_E=270°$。

天体在几个特定位置上的坐标如表 6.1 所示。

表 6.1　天体在几个特定位置上的坐标

特定位置	时角 t	天顶距 z	方位角 A
天体过中天	上中天时,$t = 0^h$ 下中天时,$t = 12^h$	天顶以南上中天,$z_m = \varphi - \delta$ 天顶以北上中天,$z_m = \delta - \varphi$ 天顶在下中天,$z_m = 180° - (\varphi + \delta)$	$0°$ $180°$ $180°$
天体过卯酉圈	过西卯酉圈,$t_W = t$ 过东卯酉圈,$t_E = -t$	过西卯酉圈,$z_W = Z$ 过东卯酉圈,$z_E = Z$	$A_W = 90°$ $A_E = 270°$
天体出没地平		$z = 90°$	$A_W = A$ $A_E = 360° - A$

6.1.2　天体的周年视运动

以太阳为例,因地球公转引起的太阳在黄道的相对运动称为太阳的周年视运动,并不是太阳在空间的真运动。也就是说地球除自转外,每年(约 365.242 2 日)还绕太阳自西向东公转一周,由此而引起太阳每年相对地球自西向东运动一周,太阳的周年视运动是四季更替和昼夜长短变化的原因。地球公转轨道面与天球截得的大圆,称为太阳周年视运动的轨迹。

1. 太阳周年视运动速度的不均匀性

地球公转的速度是不均匀的,具体表现为在近日点(1 月 3 日)时最快,远日点(7 月 4 日)时最慢。因而视太阳沿黄道的视运动速度也是不均匀的。

2. 视太阳赤道坐标的周年变化(图 6.6,表 6.2)

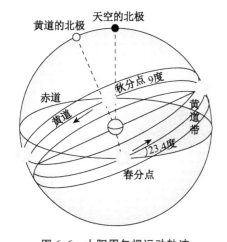

图 6.6　太阳周年视运动轨迹

表 6.2　太阳赤道坐标的周年变化

视太阳位置	赤经	赤纬
从南半球转入北半球过春分点	0^h	$0°$
到夏至点	6^h	$+23°27'$
至秋分点	12^h	$0°$
到冬至点	18^h	$-23°27'$
直到第二年又过春分点	24^h	$0°$

6.2　天文经度测量的原理与方法

我们已经知道,测站的天文经度是测站子午圈与格林尼治天文台起始子午圈的夹角,其值等于测站与格林尼治天文台两地在同一瞬时的同类时刻之差。由于测定两地同一瞬时的时刻之差的方法不同,故测定经度就有不同的方法,自从 1906 年利用无线电发播了无线电时号以后,各国广泛采用了无线电法。下面重点讨论无线电法测定经度的原理。

6.2.1 天文经度测量的原理

在同一时刻,两地同一类地方时之差等于两地的经度之差,即测定两地的经度之差实质就是测定两地在同一瞬间的同一类地方时之差,这就是天文经度测量的基本原理。

经度计算必须满足三个条件:

(1) 两地的地方时必须是同一瞬间的——通过无线电时号的收录。

(2) 两地的地方时必须是同一类地方时——通过时刻换算来解决。

(3) 应是准确的时刻——通过测定两地钟表的表差。

$$\lambda = s - S \quad \text{或} \quad \lambda = m - T_0 \tag{6.1}$$

$$\text{根据恒星时与时角的关系} \quad s = \alpha + t \tag{6.2}$$

$$\text{根据地方时与时角的关系} \quad m = t_\theta - \eta + 12 \tag{6.3}$$

设观测天体时读取表面时 X,则对应与该时刻的地方时表差

$$\begin{aligned} \alpha_0^s &= \alpha + t - X \\ \alpha_0^m &= t_\theta - \eta + 12 - X \end{aligned} \tag{6.4}$$

由此可知,要获取表差,除了观测天体时读取表面时,还需测定天体的时角。

根据定位三角形(图 6.7),如果测站纬度已知,天体赤道坐标可查,则只需观测天体的天顶距 z 即可计算出天体的时角。

$$\cos z = \sin \varphi \sin \delta + \cos \varphi \cos \delta \cos t \tag{6.5}$$

于是有:

$$t = \arccos \frac{\cos z - \sin \varphi \sin \delta}{\cos \varphi \cos \delta} \tag{6.6}$$

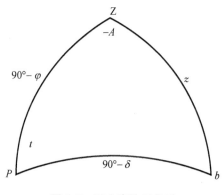

图 6.7 天文定位三角形

其中,φ 为近似纬度,δ 为天体的赤纬,z 为天体的天顶距。

只要在观测时刻 X 测定天体 b 的天顶距 z 即可获得该时刻的天体时角,进而获得该测站的天文经度,总称为无线电时号天体天顶距法测定天文经度,也即是基于天体天顶距法测定天文经度。具体有无线电时号东西星天顶距法和无线电时号太阳天顶距法两种。

6.2.2 天文经度测量的方法

1. 天体天顶距法

无线电时号东西星天顶距法——选星依据来源于最有利观测条件分析,此处不再详述,直接给出基本要求如下:

(1) 尽量选择靠近卯酉圈的天体,考虑实际情况,各天体只要在卯酉圈左右 $30°$ 范围内即可;

（2）尽量选择对称于子午圈的两个位置观测天体（东西星），有利于削弱天顶距误差与纬度误差对表差的影响；

（3）如果东西星天顶距很接近，则有利于削弱蒙气差影响；

（4）为避免产生较大的蒙气差误差，天体的天顶距应小于 75°。

东西星天顶距法观测、计算流程如图 6.8、6.9 所示。

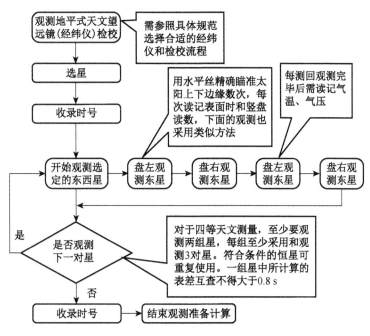

图 6.8　东西星天顶距法观测流程

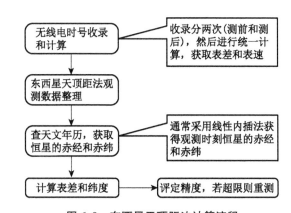

图 6.9　东西星天顶距法计算流程

无线电时号太阳天顶距法——太阳是天文定位和天文测量经常使用的天体。相对于恒星而言，太阳作为观测目标具有以下优点：

（1）可以白天观测，避免夜间观测的诸多不便；

（2）天体目标明显，易于辨别，不会找错恒星。

但由于太阳相对于其他恒星距离地球太近，也有很多不利于天文观测和天文定位的因素：

(1) 成像为一个圆面，不利于照准，而其他恒星几乎是一个点；

(2) 视运动较快，不利于连续测量；

(3) 光线较强，需要在经纬仪上安装滤光装置。

综上因素，太阳照准精度不如恒星，必须采用正确的照准方法。

不同观测量下适宜的太阳照准方法如图 6.10～图 6.12 所示。

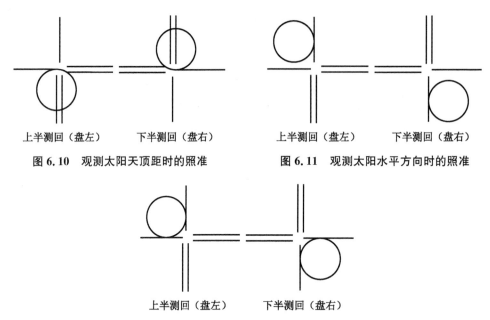

上半测回（盘左）　　下半测回（盘右）

图 6.10　观测太阳天顶距时的照准

上半测回（盘左）　　下半测回（盘右）

图 6.11　观测太阳水平方向时的照准

上半测回（盘左）　　下半测回（盘右）

图 6.12　观测太阳竖直和水平方向时的照准

太阳天顶距法的外业观测与内业计算流程分别如图 6.13、6.14 所示。

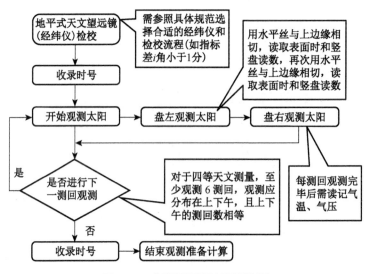

图 6.13　太阳天顶距法观测流程

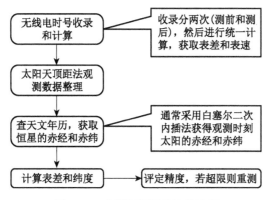

图 6.14　太阳天顶距法计算流程

2. 东西星等高法

该方法使用 wild T4 经纬仪和 DKM3 - A 经纬仪配合自动计时设备可进行一等天文测量,属于高精度天文测量方法。

观测要求:在很短的时间内快速观测东西两颗恒星通过同一等高圈的时刻,进而求得计时装置的地方钟/表差。

$$\cos z = \sin \varphi_0 \sin \delta_E + \cos \varphi_0 \cos \delta_E \cos t_E$$
$$\cos z = \sin \varphi_0 \sin \delta_W + \cos \varphi_0 \cos \delta_W \cos t_W \tag{6.7}$$

其中

$$t_E = X_E - \alpha_E + \alpha_{0,E}^s$$
$$t_W = X_W - \alpha_W + \alpha_{0,W}^s \tag{6.8}$$

因观测东西星的时间间隔很短,可以认为 $\alpha_{0,E}^s = \alpha_{0,W}^s$,所以

$$\sin \varphi_0 \sin \delta_E + \cos \varphi_0 \cos \delta_E \cos(X_E - \alpha_E + \alpha_0^s) =$$
$$\sin \varphi_0 \sin \delta_W + \cos \varphi_0 \cos \delta_W \cos(X_W - \alpha_W + \alpha_0^s) \tag{6.9}$$

东西星等高法具有如下特点:

(1) 无需读取竖盘读数,避免了与竖盘有关的误差对表差的影响;

(2) 只需观测东西星到达同一高度的时刻即可求出表差;

(3) 因观测东西星的时间很短,大气折射误差对两颗星的影响几乎一样,因而可以被很好的消除。

3. 中天法

中天法是一种高精度的天文测量方法,该方法使用特殊的光电子午仪(中天仪)配合高精度的计时设备可进行高精度的天文经度测量。

当恒星过上下中天时有:

$$s = \alpha$$
$$s = \alpha \pm 12^h \tag{6.10}$$

即：

$$a_0^s = \alpha - X$$
$$a_0^s = \alpha - X \pm 12^h \tag{6.11}$$

中天法具有如下特点：

（1）不用观测天顶距，避免了因其带来的观测误差；

（2）无需使用近似纬度，与纬度误差无关；

（3）主要的误差来源于恒星位于中天时刻的误差（要求将望远镜视准轴精确安置于测站子午面内）。

6.2.3　评定天文经度测量的精度

1. 人仪差

人仪差是天文测量中主要的系统误差，因观测仪器和观测者的不同而产生的，而且人仪差会因观测者的生理和心理状态的变化、恒星的亮度和运动速度的不同、视场的明暗以及自然环境的变化而变化。

天文测量规范规定：测定经度时，应在外业观测工作的前后进行人仪差的测定，并将这项改正加入最终的天文经度计算成果中。

2. 精度评定方法

在已经知道精确经纬度的天文基本点上，采用经度测量的方法进行测定，并规定人仪差测定至少需要在两个晴朗的夜晚中完成，采用的星组不少于六组，对于四等天文测定，采用的星组不少于两组。

天文基本点的天文经度为 λ_0，天文测量外业前后两次测定值为 λ' 和 λ''，则两次测定的人仪差为：

$$d\lambda_1 = \lambda_0 - \lambda'$$
$$d\lambda_2 = \lambda_0 - \lambda'' \tag{6.12}$$

最终的人仪差为：

$$d\lambda = \frac{d\lambda_1 + d\lambda_2}{2} \tag{6.13}$$

然后对其他的天文观测点进行改正：

$$\lambda_i = \lambda'_i + d\lambda \tag{6.14}$$

未经人仪差改正的一组星的中误差和平均值中误差的计算公式为：

$$m_{\lambda'} = \pm\sqrt{\frac{[vv]}{n-1}}$$
$$M'_{\lambda} = \pm\frac{m_{\lambda'}}{\sqrt{n}} \tag{6.15}$$

其中，n 为组数，v 为改正数。

经过人仪差改正，最后的经度中误差为：

$$M_\lambda = \pm \sqrt{M_\lambda^2 + M_{d\lambda}^2 + M_{\Delta d\lambda}^2} \qquad (6.16)$$

其中，$M_{d\lambda}$ 是人仪差测定的中误差，$M_{\Delta d\lambda}$ 是经过大量资料统计得到的人仪差变化中误差，通常取 ± 0.05 s。

6.3 天文纬度测量的原理与方法

天文纬度的测量与天文经度测量类似，也是利用天文定位三角形所建立的关系进行测量。下面就其原理与几种典型方法进行简要地介绍。

6.3.1 天顶距法测定天文纬度

1. 恒星天顶距法测定纬度的基本原理

如果已知测站经度 λ，天体坐标 (α, δ) 可由星表查得，通过收录无线电时号可算得观测瞬间（表面时为 X）的地方恒星时 s，由公式

$$t = s - \alpha \qquad (6.17)$$

可算得表面时 X 时的天体的时角，若在表面时 X 时观测了天体的天顶距 z，则可根据定位三角形所得的天文学基本公式

$$\cos z = \sin\varphi \sin\delta + \cos\varphi \cos\delta \cos t \qquad (6.18)$$

计算测站的纬度 φ，这种方法称为恒星天顶距法测定纬度。

由公式 (6.18) 可知，此方法的关键问题是求天体在观测瞬间对应的时角 t。公式 (6.17) 的具体计算流程如下：

（1）通过收时、计时、比时，获得钟面时相对正确 UTC 时间的钟差（μ_0）、钟速（ω）；

（2）由钟差（μ_0）、钟速（ω）和观测瞬间钟面时求观测瞬间 UTC：

$$UTC = T' + \mu_0 + \omega(T' - T_0') \qquad (6.19)$$

（3）由 IERS 公报获取改正数 $(UT_1 - UTC)$，求观测瞬间 UT_1：

$$UT_1 = UTC + (UT_1 - UTC) \qquad (6.20)$$

（4）求格林尼治恒星时 S：

$$S = S_0 + (1 + \mu)UT \qquad (6.21)$$

（5）求地方恒星时 s：

$$s = S + \lambda$$

（6）求时角 t，利用公式 (6.17)。

2. 恒星天顶距法测定纬度的选星最佳条件

结合公式 (6.18) 及误差公式

$$\Delta\varphi = \frac{\Delta z}{\cos A} - (\Delta s' + \Delta\mu)\cos\varphi \cdot \tan A \tag{6.22}$$

可知:要使纬度测量误差最小,必须使 $\cos A$ 取最大值,而 $\tan A$ 为零。对应的最佳选星条件即为:当恒星在子午圈上时对它进行观测,观测误差对纬度值的影响最小。这就是恒星天顶距法测定纬度的最佳选星条件。

在进行天文纬度测量时,经常选用北极星或太阳作为观测天体。

(1)北极星天顶距法测定纬度的具体流程如图 6.15 所示,计算流程如图 6.16 所示。

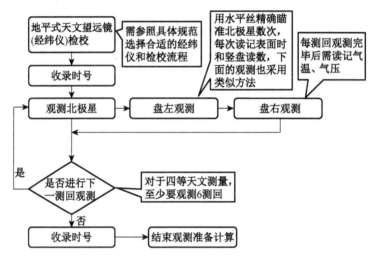

图 6.15 北极星天顶距法观测流程

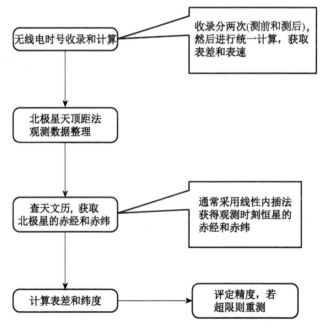

图 6.16 北极星天顶距法计算流程

（2）太阳天顶距法测定纬度的具体流程如图 6.17 所示，计算流程如图 6.18 所示。

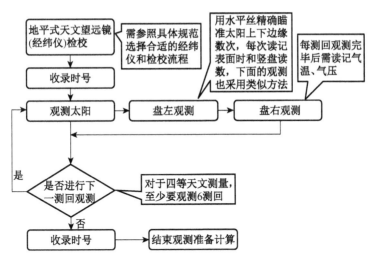

图 6.17　太阳天顶距法观测流程

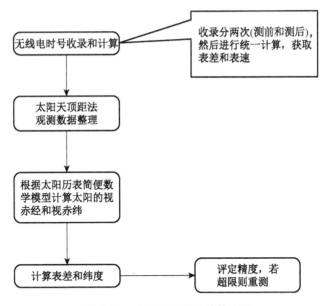

图 6.18　太阳天顶距法计算流程

6.3.2　中天法测定天文纬度

如果已知测站子午圈的位置，那么观测了天体中天时的天顶距 z，由公式

$$\varphi = \delta + z \quad （天体在天顶以南上中天）$$
$$\varphi = \delta - z \quad （天体在天顶以北上中天）$$
$$\varphi = 180° - (\delta + z) \quad （天体在天顶以北下中天）$$

(6.23)

可计算测站的纬度，上述方法称为天体中天法测定纬度，中天法又称南北星对法。当天体在

上中天时,有:

$$\varphi_S = \delta_S + z_S \tag{6.24}$$

$$\varphi_N = \delta_N - z_N \tag{6.25}$$

根据上式可知,若观测一对南北星(σ_S, σ_N)的子午天顶距z_S、z_N,则可以求得两个纬度值φ_S、φ_N,取其平均值φ,则有:

$$\varphi = 0.5(\delta_S + \delta_N) + 0.5(z_S - z_N) \tag{6.26}$$

由公式可看出,当所选南北两星过子午圈的前后时间间隔较短,且两星的天顶距接近时,能有效削弱竖盘读数和蒙气差导致的系统误差。在采用此方法时,必须提前进行以下工作:编制观测星表(各星的α、δ),并将望远镜视准轴置于测站子午面内。

6.3.3 双星等高法测定天文纬度

先后观测两颗高度相等的恒星,只需读记它们经过望远镜丝网的表面(钟面)时刻(恒星时)s_1和s_2,并设其相应的钟差为μ_1和μ_2,无需测出其天顶距便可求出测站的天文纬度。

设观测两颗等高的恒星$\sigma_1(\alpha_1, \delta_1)$和$\sigma_2(\alpha_2, \delta_2)$,则可列出下面两个方程式:

$$\cos z_1 = \sin \varphi \sin \delta_1 + \cos \varphi \cos \delta_1 \cos(s_1 + \mu_1 - \alpha_1) \tag{6.27}$$

$$\cos z_2 = \sin \varphi \sin \delta_2 + \cos \varphi \cos \delta_2 \cos(s_2 + \mu_2 - \alpha_2) \tag{6.28}$$

两式相减消去天顶距z,得到:

$$\tan \varphi = \frac{\cos \delta_1 \cos(s_1 + \mu_1 - \alpha_1) - \cos \delta_2 \cos(s_2 + \mu_2 - \alpha_2)}{\sin \delta_2 - \sin \delta_1} \tag{6.29}$$

上式就是双星等高法测量天文纬度的原理公式。

另外由误差公式可写出:

$$\Delta z = \cos A_1 \cdot \Delta \varphi + \sin A_1 \cdot \cos \varphi (\Delta s_1 + \Delta \mu_1) \tag{6.30}$$

$$\Delta z = \cos A_2 \cdot \Delta \varphi + \sin A_2 \cdot \cos \varphi (\Delta s_2 + \Delta \mu_2) \tag{6.31}$$

从而得出测站天文纬度的误差公式是:

$$\Delta \varphi = \frac{\sin A_2 \cos \varphi}{\cos A_1 - \cos A_2}(\Delta s_2 + \Delta \mu_2) - \frac{\sin A_1 \cos \varphi}{\cos A_1 - \cos A_2}(\Delta s_1 + \Delta \mu_1) \tag{6.32}$$

由上式分析可知:选取子午圈上南北等高的两颗星进行双星等高法测定纬度,可以得到最好的结果。

由于满足子午圈上等高条件的南北星很少,一般在选星时常采用$A_1 = 180° - A_2$的条件,即选取同在子午圈之东(西)一边,而且它们距子午圈等距离的两颗南北星进行观测。由于此方法不需要观测两颗星的天顶距,因此避免了观测天顶距所带来的误差影响。

6.4　天文方位角测量的原理与方法

天文方位角和天文经纬度一样,都为椭球体定位、精密导线和三角锁网等大地测量提供了重要的起算数据,是一个十分重要的天文测量要素,无论在国民经济还是在国防建设中都有着十分重要的意义。本节主要介绍天文方位角的测量原理和两种主要的测量方法。

6.4.1　天文方位角测定的原理

测站至地面目标(或照准点)的方位角,是指通过测站和目标的垂直面与测站子午面之间的水平夹角,也就是地面测站至目标方向与北极方向的夹角,由正北方向顺时针计算。如图 6.19 所示,方位角是从测站 M 到地面目标 B 的方向 MB 与北极 N 的方向 MN 之间的水平角 $\angle NMB$。

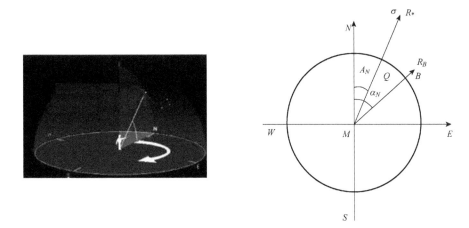

图 6.19　天文方位角测量原理

由于测站子午面没有一个具体的目标,因此要想直接按定义的方式来测定方位角是不可能的,我们可以通过间接的方式来测量方位角。如果测定了:

(1) 某一天体 σ 和地面目标 B 之间的水平夹角 Q;

(2) 在测定天体与地面目标的水平夹角 Q 时,若照准天体瞬间读记了天文钟表的表面时,就可以算出天体瞬间方位角 A_N。

这时,测站至地面目标的方位角 a_N 为

$$a_N = A_N + Q \tag{6.33}$$

假设测站的位置 (λ, φ) 已知,天体坐标 (α, δ) 可以根据观测瞬间的世界时由星表查得,因此只需要测定天体的时角 t 或天顶距 z 后,就可按计算公式计算天体的方位角 A_N 了。计算天体方位角的方法有两种,按(6.34)式计算得到的方位角称为天体时角法测定方位角,按(6.35)式计算得到的方位角称为天体天顶距法测定方位角。

$$\tan A_N = \frac{\sin t}{\sin \varphi \cos t - \cos \varphi \tan \delta} \tag{6.34}$$

$$\cos A_N = \frac{\sin \delta - \sin \varphi \cos z}{\cos \varphi \sin z} \tag{6.35}$$

$$t = S + \mu_0 + \omega(S - X_0) + \lambda - \alpha \tag{6.36}$$

(6.34)式的时角 t 可以按(6.36)式来计算,其中 S 为观测天体瞬间的钟面时,μ_0 为钟面时 X_0 对格林尼治恒星时的钟差,$\omega(S - X_0)$ 是钟面时 X_0 至钟面时 S 这段时间内的钟差改正。

6.4.2 北极星任意时角法测定方位角

根据规范,在二、三等天文方位角测定中,需考虑垂直轴倾斜改正 δ_b 和周日光行差改正 δ_a,计算地面目标天文方位角的公式为:

$$a_N = A + Q + \delta_b + \delta_a \tag{6.37}$$

$$A = \arctan \frac{\sin t}{\sin \varphi \cos t - \tan \delta \cos \varphi} \tag{6.38}$$

其中

$$t = s - a = T + a_0 + \omega(T - X_0) - a \tag{6.39}$$

$$Q = M_{目标} - M_{北极星} \tag{6.40}$$

其中,$M_{目标}$ 为观测地面目标的经纬仪水平方向读数,$M_{北极星}$ 为观测北极星的经纬仪水平方向读数。

6.4.3 太阳天顶距法测定方位角

太阳天顶距法是白天观测,但其精度较低,仅能满足四等天文测量的要求。太阳天顶距法的公式为:

$$a_N = A + Q \tag{6.41}$$

其中

$$A = \arccos \frac{\sin \delta - \sin \varphi \cos z}{\cos \varphi \sin z} \tag{6.42}$$

$$Q = M_{地面目标} - M_{真太阳} \tag{6.43}$$

其中,$M_{地面目标}$ 为观测地面目标的经纬仪水平方向读数,$M_{真太阳}$ 为观测太阳的经纬仪水平方向读数。

6.4.4 仪器定向

在进行天文测量时,在观测前,要将经纬仪的视准轴安置在天文子午面内,这项工作称为仪器定向。通常,仪器定向的方法是:观测北极星读取钟面时,计算该瞬间北极星方位角值,然后按此方位角配置水平度盘读数,最后旋转照准部,使水平度盘读数为零度,这样就完成了仪器定向。

6.5　同时测定经纬度及方位角的原理与方法

以上介绍了几种经纬度及方位角的测定原理、观测方法，并对这些方法的最有利观测条件进行了分析。但是，无论哪一种方法都不能同时测定天文经度和方位角，也就是说要么已知测站经度测定纬度，要么已知测站纬度测定经度，无法在未知测站位置的情况下同时测定天文经纬度和方位角；另外，由于要测天顶距，其蒙气差对观测成果的影响较大，很难获得理想的观测成果。

针对上述不足，本节介绍的等时角法可以同时测定测站的经纬度和某一方向的方位角。

6.5.1　等时角法测定经纬度、方位角的原理

选星——在星图或天文年历中，可以选择近似在同一时圈上的三颗星，且三星间角距近似相等。例如图 6.20 中第 1 星组的天龙座 α 星（αDra）、仙后座 ε 星（εCas）及北极星（αUMi）均为亮星容易寻找。

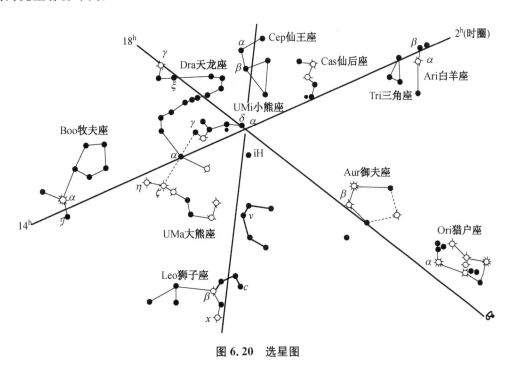

图 6.20　选星图

观测——依次观测某一星组中的三颗星分别过某一时圈（为提高精度一般选 6 时圈）瞬间的方向 β 及时间间隔 ΔS，并从天文年历中查得每颗星的赤经 α。

如图 6.21 所示，通过观测三颗星分别测得两个水平角 β_1 和 β_2，ΔS_1 和 ΔS_2 可由下面两个公式得到：

$$\Delta S_1 = \alpha_1 - (\alpha_2 + 12^{\text{h}}) \tag{6.44}$$

$$\Delta S_2 = \alpha_3 - \alpha_2 \tag{6.45}$$

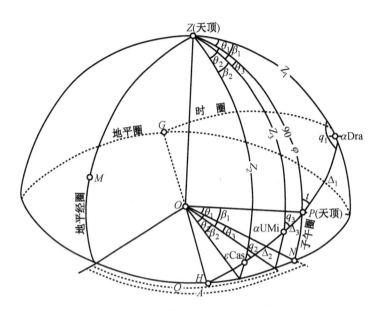

图 6.21 等时角法测定原理

从而得到六个球面三角形：$q_1 Z q_2$、$q_1 Z q_3$、$q_2 Z q_3$、$q_1 ZP$、$q_2 ZP$、$q_3 ZP$。利用已知的三星赤纬 δ_1，δ_2，δ_3 及水平角观测量 β_1，β_2 解算六个球面三角形中需要的元素，便可得到天体方位角 θ_1、θ_2、θ_3 以及测站纬度 φ 和时角 t。具体计算公式详见参考文献。

在观测中同时测量星体至地面目标间的水平夹角 Q，便可以确定地面目标的天文方位角 A。用天文表记录观测时刻，并收录时号，即可求得测站经度 λ。

6.5.2 等时角法测定经纬度、方位角的方法

等时角法同时测定测站经纬度和方位角的观测方法要点如下：

（1）根据不同等级精度要求，可在天文墩、观测台或脚架上进行观测；并按所选控制时段长度，制定观测纲要；

（2）测前测后分别收录无线电时号；

（3）每一测回分为盘左（上半测回）、盘右（下半测回）两个半测回；

（4）上半测回观测程序为：观测地面目标读记水平度盘读数、依次照准三颗星并读记表面时和水平度盘读数、再观测地面目标读记水平度盘读数。

6.5.3 等时角法测定经纬度、方位角的特点

等时角法同时测定测站经纬度和方位角具有以下特点：

（1）仅测水平方向值，与天顶距无关，因而彻底摆脱了蒙气差的影响；

（2）不需要知道测站经度、方位角概值就能独立地测定，求得这些元素。不必预先测定低一级精度的同样元素，也就从根本上避免了这些数据对计算所带来的误差；

（3）仅根据等时角时刻水平角的观测量，同时计算求得时间、经纬度和方位角各元素，达到精密快速联测的目的；

（4）如果只测方位角和纬度，则只要停表，而不需要天文表和收报机；

（5）不需要在测前选星和编制观测星表等准备工作；

（6）用等时角法观测方位角特别有利，精度高、观测易、设备简、原理和计算简单；

（7）等时角法原理具有全球适用的普遍性，不但适用于北半球高、中、低纬度地区，也适用于南半球和赤道附近的地区，不像北极星任意时角法测定方位角仅限于北半球。而且也没有高纬度地区测定时精度较低的局限性；

（8）由于等时角法只测水平角，而观测水平角的偶然误差对最后位置误差的影响，比高度角法中的类似误差小；

（9）一星组可以进行多次观测，如果出错，可以立即重测，整个观测过程只需要几个星组，不需要选择很多星组、星对进行观测。

上篇　天文测量复习思考题

第1章

1. 天文学有哪些分类,各自研究的对象是什么?

2. 我国古代天文学方面有哪些成就?

3. 已知

行星	距离(天文单位)	周期(年)
地球	1	1
金星	0.732	
火星	1.524	

求金星和火星的公转周期 T。

4. 为什么地球上的观测者观察天体时,都有东升西落的现象?

5. 地球上有没有这样一个地方,那儿的人一动脚就肯定走向南方或北方?

6. 为什么在地球上不同纬度处的自转线速度是不一样的?

7. 设地球为半径 $R = 6\,371\ km$ 的圆球,试求赤道上一点由于地球自转而产生的线速度等于多少?又纬度 $\varphi = 30°32'N$ 处某点的线速度等于多少?

8. 根据什么来认识恒星?星等怎样划分?星图怎样使用?

9. 试述宇宙的概况。

10. 地球在周年运动中的主要特点是什么?产生四季与昼夜长短变化的原因是什么?

第2章

1. 试绘图说明天球上的点、线、圈。

2. 天球的南北是怎样规定的?北天极和北点有什么区别?

3. 子午圈是不是时圈?子午圈是不是垂直圈?卯酉圈是不是垂直圈?它与子午圈有何关系?

4. 时圈是不是子午圈?

5. 在纬度等于 $30°$ 的地方,它所在的天球地平圈和天球赤道面间的夹角等于多少?

6. 在北纬 $45°$ 的地方,天球赤道上哪一点离地面最高?它的天顶距等于多少?

7. 求下列各地的纬度：

(1) 天顶和北天级间的角距为 $0°$；

(2) 天顶和北天级间的角距为 $90°$。

8. 在 $\varphi = 30°N$ 的测站上作一天球图，春分点分别位于东点和西点，请把下面三个天体的位置标出来：

(1) $h = 45°, A = 45°$；

(2) $t = 6^h, \delta = +30°$；

(3) $\alpha = 18^h, \delta = 0$。

9. 在 $\varphi = 30°N$ 的测站上，当春分点刚巧在西方地平上时，求二分点和二至点的 α, δ, A, h 和 t 各值。

10. 在 $\varphi = 30°N$ 的测站上，当春分点刚巧在西方地平上时，天球赤道上哪一点离地平面最高，并求该点的天顶距。

11. 假设某天体正好位于赤道和地平上，试求其天顶距、时角、方位角和赤纬。

12. 在地球上何处 (φ)、何时（春分点的时角 t_r）黄道与地平圈互相重合？ 又在什么情况下黄道与地平圈互相垂直？

13. 早晨，在上海和重庆两地，哪个地方先见到太阳，为什么？

14. $\varphi = 30°32'N$ 处天顶的 z、A、t 和 δ 等于多少？

15. 在球面直角三角形中，已知 $B = 68°42'29''$ 及直角边 $c = 59°28'$，试求直角边 b。

16. 在 $\varphi = 30°32'N$ 观测某星（$\alpha = 6^h57^m4^s, \delta = -28°55'$）得到时角为 $2^h24^m3^s$，试计算该星的天顶距和方位角。

17. 当春分点时角为 $12^h37^m6^s$ 时，在 $\varphi = 30°32'N$ 观测某星得到天顶距 $z = 47°56', A = 335°46'$，试计算该星的 α 和 δ。

18. 在某地测得某恒星的 $z = 60°$，$t = 6^h$，该星的赤纬 $\delta = +60°$，求该地的纬度 φ_N 和天体的方位角 A。

19. 在 $\varphi = 30°N$ 的地方，观测西天的某一颗恒星，看到它经过三个大圈：6^h 的时圈；地平圈；卯酉圈。试确定其经过的次序。

20. 在纬度为 φ 的地方，恒星上中天时刻的地平经度等于多少？

21. 在地球上任何地方都看到的恒星，它的赤纬等于多少？

22. 某拱极星，下中天时的高度为 $19°30'$，上中天时的高度为 $49°30'$，试求该星的赤纬和测站的地理纬度。

23. 在纬度 $\varphi = 60°N$ 的测站上，于某一时刻观测某一颗恒星，测得它的方位角（从南起算）$a = 75°$，天顶距 $z = 45°$，求 10 分钟后该星的方位角和天顶距。

24. 试求鲸鱼座 μ（$\alpha = 2^h42^m7^s, \delta = +9°56'04''$），通过测站（$\varphi = 30°32'N$）东卯酉圈和西卯酉圈的时角，以及在这一瞬间的天顶距和方位角。

25. 天文坐标系有何特点？

26. 试述天文测量在大地测量上的主要作用。

第3章

1. 春分点上升一小时后，地方恒星时为多少？

2. 现在是恒星时 $10^h30^m0^s$,再过 26^m09^s 某恒星在东南大学上中天,问该星的赤经是多少?

3. 当格林尼治恒星时为 $17^h35^m26^s$ 时,某地的恒星时为 $19^h08^m23^s$,问该地的经度为多少?

4. 当武汉($\lambda = 7^h37^m25^s$)的恒星时为 $9^h08^m32^s$ 时,某地的恒星时为 $8^h18^m47^s$,问该地的经度为多少?

5. 假如都按当地的地方时计算,火车于 A 地的民用时 9^h 出发,到达 B 地时,已是 B 地民用时 9^h20^m,停站 15^m 后,于 B 地的民用时 9^h35^m 出发,返回 A 地时,已是 A 地民用时 10^h05^m,火车是以等速往返行驶的,问 AB 两地的经差是多少?

6. 如果用恒星时单位来表示平太阳日,那么一个平太阳日有多少恒星时?

7. 假如恒星时钟与平太阳时钟的表面时都在 3^h 开动,问平时钟走到 13^h15^m 瞬间恒星时钟的读数为多少?若恒星时钟走过 15^h34^m 后平时钟的读数为多少?

8. 1986 年 12 月 21 日北京时 19^h00^m,南京($\lambda = 7^h55^m$)的恒星时是多少?

9. 1985 年 12 月 21 日在东南大学($\lambda = 7^h55^m$)测得某恒星($\alpha = 8^h34^m$)的时角为 $3^h15^m34^s$,问这时的地方民用时是多少?

10. 求 1986 年 6 月 21 日在南京($\lambda = 7^h55^m$)某星($\alpha = 10^h21^m$)上中天时的地方民用时。

11. 1985 年 12 月 21 日观测牧夫座 α 星($\alpha = 14^h13^m47^s$),当该星上中天时北京时为 $20^h34^m14.7^s$,求该地的经度。

12. 求武汉($\lambda_E = 7^h37^m$)地方民用时 19^h03^m 时刻的区时是多少?

13. 求区时 20^h16^m 时刻,武汉($\lambda_E = 7^h37^m$)的地方民用时是多少?

14. 求 $T_{18} = 11^h44^m$ 时刻,华盛顿($\lambda_W = 5^h08^m16^s$)的地方民用时是多少?

15. 当北京时为 12^h 时乌鲁木齐($\lambda_E = 5^h54^m08^s$)的地方民用时是多少?同一瞬间华盛顿($\lambda_W = 5^h08^m16^s$)的民用时为多少?

16. 乘民航客机从喀什飞往北京,途中需飞 6 小时,飞机离开喀什的时刻为 $T_N = 8^h$,而抵达北京时 $T_8 = 17^h$,问喀什在哪一时区?

第 4 章

1. 为什么天文测量的观测值要进行各项改正?

2. 蒙气差为什么要考虑气温与气压的改正?

3. 在正常情况下,蒙气差为什么只影响天体的天顶距(高度角)而不影响水平角?

4. 为什么观测太阳要进行视差及视半径的改正?而观测恒星就不需要?

第 5 章

1. 何为无线电时号?它的主要目的是什么?

2. 何为协调世界时?为什么设立这种时?它与世界时有什么关系?如何调整它与世

界时的关系？

3. 目前世界上播时系统有哪几种？我国发播的时号有哪几种形式？

4. 何为表差和表速？它的正负值表示什么意思？在表面时 X 瞬间，表的表差等于零，表速亦等于零，这表示什么意思？

5. 已知某星在表面时 $3^h40^m50.8^s$ 瞬间的表差为 $-2^m23.7^s$，每小时表速为 $0.098\ 7(s/h)$，试求表面时 $6^h23^m23.3^s$ 瞬间的表差。

第 6 章

1. 何为地面目标方位角？描述测定地面目标方位角的基本原理。

2. 时角法测定方位角的原理是什么？测定方位角的最有利的条件是什么？

3. 试述恒星天顶距测定表差的基本原理。

4. 试述无线电法测定经度的基本原理。

5. 北极星测定纬度的基本原理是什么？

6. 太阳高度法测定方位角时应如何瞄准太阳？

7. 太阳高度法测定方位角的计算应如何进行？

8. 试述等时角法同时测定经纬度及方位角的原理。

9. 试述等时角法测定经纬度及方位角的作业过程及应注意事项。

下篇　重力测量

第7章 重力测量概述

大地测量学是测绘学的一个分支,是研究和测定地球形状、大小和地球重力场,以及测定地面点几何位置的学科。大地测量的基本任务是研究全球,建立与时间相依的地球参考坐标框架,研究地球形状及其外部重力场的理论与方法,研究描述极移、固体潮及地壳运动等地球动力学问题,研究大范围高精度定位理论与方法。

大地测量分为几何大地测量(又称天文大地测量)、物理大地测量(也称理论大地测量和重力测量)、空间大地测量。由此可以看出,重力测量学是大地测量学一个重要的分支,它的主要任务是研究地球形状及外部重力场。本章主要介绍重力测量学的内容及任务、形成与发展、地位和作用以及和其他相关学科之间的关系。

7.1 重力测量学的内容及任务

重力场是地球最重要的物理特性,制约着地球上及其邻近空间发生的一切物理事件;引力是宇宙一切物质存在的最普遍属性,制约着宇宙的演化和发展。地球重力场反映地球物质的空间分布、运动和变化,确定地球重力场的精细结构及其时间相依变化将为现代地球科学解决人类面临的资源、环境和灾害等紧迫性课题提供基础的地学信息。

7.1.1 重力测量学的研究对象

重力测量学是研究重力与重力场随空间、时间的变化及其变化的规律,并将重力数据用于地球科学、国民经济、国防科学等领域的基础性科学与应用性科学。

在基础理论方面,重力测量学是对象为引力、重力、引力位场及地球重力场的理论研究;重力场的空间、地球表面和地球内部的分布特征与规律和它们所反映的物质质量分布、密度分布的状态、性质、特征与规律的理论研究;以及重力场因天体运动和地球内部物质运动引起的周期性变化规律与非周期变化的性质、机理的理论研究。但是,这些理论研究的进展程度是参差不齐的。多年来有些理论研究早已是相当成熟的,并且被广泛地应用;有些则是近些年来取得重要的突破性进展,并在实际应用中得到证实和推广;还有一些则尚在探索之列。

为了获得理论研究的基础数据和资料,重力的测量原理、方法、技术和重力测量仪器的研制就是重力学的重要的、基本的研究对象与内容。在此基础上建立国家重力基本网,一、二等重力控制网,重力数据库以及与国际联网等同样是重力学的一个组成部分。

观测获得的重力数据必须归算到统一的、可对比的某种标准条件下,因此需要通过各种校正、改正、换算等处理的程序,而这些处理的方法、技术的研究与改进是重力学必不可少的研究对象。

采用经各项改正后的重力异常资料,研究地壳内部的结构、构造,探查固体矿产和油气资源分布,查明大型建筑工程基底的稳定性等,是重力学的重要研究对象。而作为实现这些研究的基础,则是建立地壳内部结构、构造、固体矿产和油气赋存状态的地质模型,进而研究各种地质模型的正演问题和反演问题,给出对应的正、反演理论和方法,以及与其他地质、地球物理资料结合的综合解释方法、联合反演方法等现今已成为重力学研究的主要内容,并得到很大的发展。

地质灾害(如滑坡、天然地震、火山喷发等)给人类生命财产和国家建设带来巨大危害,而地质灾害发生前,常常伴随重力场的变化。因此,采用高精度重力仪监测重力声场非正常变化,预测地质灾害发生的时间和地点,也是重力学研究的重要内容。重力监测研究包括固体潮汐变化的长期连续监测,火山和地震等特定地质现象的动态重复监测,以及监测结果的解释理论、方法与技术等。

总之,重力学研究的对象涉及地球表面及内部的重力场的时空变化及规律研究的各个方面,并应用于资源探查、环境保护、灾害预防等国民经济、国防建设和地球科学的各个领域。随着科学技术的发展,应用任务的需要,重力学在新理论、新方法、新技术和新仪器等方面的研究任务是相当艰巨的,也是十分光荣的。

7.1.2 重力测量学的任务

重力测量学,又称物理大地测量学,也称为理论大地测量学,还称大地重力学或地球重力学。它的基本任务是用物理方法确定地球大小、形状及其外部重力场,以便将以铅垂线为依据的地面观测数据归算到一个统一的局部的或全球的大地坐标系统中。

从自然科学的观点来看,重力场是地球最重要的物理特性,制约着该行星上及其邻近空间发生的一切物理事件,引力是宇宙一切物质存在的最普遍属性,制约着宇宙的演化和发展。地球重力场反映地球物质的空间分布、运动和变化,确定地球重力场的精细结构及其时间相依变化将为现代地球科学解决人类面临的资源、环境和灾害等紧迫性课题提供基础的地学信息。随着卫星的出现,人们可以根据卫星轨道摄动理论,利用卫星观测数据,或综合利用地面重力测量数据和卫星观测数据来确定全球性的地球形状及其外部重力场。

虽然测定地球形状可以用重力测量方法,即地面点上的重力值与地球内部的质量分布有关,于是地球形状与地球内部结构发生了联系。也可用几何大地测量方法,即采用一个旋转椭球代表地球形状,用几何方法测定它的形状和大小,地球椭球的形状和大小以其扁率和长半轴表示。但综合比较,用重力测量方法更为有利,重力测量具有全球布点、无需联系的优点。

随着卫星的出现,人们可以根据卫星轨道摄动理论,利用卫星观测数据,或综合利用地面重力测量数据和卫星观测数据来确定全球性的地球形状及其外部重力场。

7.1.3 重力测量学的研究内容

重力测量学主要研究如下问题:

1. 重力测量的仪器和方法

重力仪的种类有很多,按应用范围可分为陆地重力仪、海洋重力仪、井中重力仪和航空重力仪;按仪器的测量方式可分为测定两点重力加速度差值的相对重力仪和测定任一点重力加速度绝对值的绝对重力仪。

不同的仪器和技术获取的重力信息的精度以及方法各不相同,地面、海面重力测量和机载重力测量是用重力仪直接感触重力场;地面跟踪卫星技术是利用重力场所引起的卫星轨道摄动来反求重力场;卫星雷达测高技术是利用所测定的海洋大地水准面反求重力场;卫—卫技术测定扰动重力场或低—低模式的卫—卫跟踪技术测定两卫星之间的相对速度变化所求得的引力位变化来确定位系数;利用机载或星载重力梯度仪求得的引力位二阶导数张量来求定位系数。

研究重力测量的仪器和方法,其目的在于布设全国各等级重力控制网。

重力控制网采用逐级控制方法,首先在全国范围内建立各级重力控制网,然后在此基础上根据各种不同目的和用途再进行加密重力测量。国家重力控制测量分为三级:国家重力基本网,国家一等重力网,国家二等重力点。此外还有国家级重力仪标定基线。重力基本网是重力控制网中最高级控制,它由重力基准点和基本点以及引点组成。重力基准点经多台、多次的高精度绝对重力仪测定;基本点以及引点由多台高精度的相对重力仪测定,并与国家重力基准点联测。

一等重力网是重力控制网中次一级控制,它由一等重力点组成,该点也是由多台高精度的相对重力仪测定,并与国家重力基准点或国家重力基本点联测。

二等重力点是重力控制网中的最低控制,主要是为加密重力测量而设定的重力控制点,其点位可由一台高精度的相对重力仪测定,并与国家重力基本点或一等重力点联测。

2. 重力位理论

主要研究重力位函数的数学特性和物理特性,它是利用重力以及同重力有关的卫星观测资料确定地球形状及其外部重力场的理论基础。

3. 地球形状及其外部重力场的基本理论

主要研究解算位理论边值问题,例如按斯托克斯理论或莫洛金斯基理论等解算,以此推求大地水准面形状或真正地球形状和地球外部重力场。

4. 区域性地球形状

按确定地球形状及其外部重力场的基本理论,采用局部地区(陆地)的天文、大地和重力资料,将含有地球重力场影响的各种大地测量数据(如天文经纬度、方位角、水平角、高度角、距离和水准测量结果)归算到局部大地坐标系中,以此建立国家大地网和国家水准网。

5. 全球性地球形状

按确定地球形状及其外部重力场的基本理论,利用全球重力以及同重力有关的卫星观测资料,推求以地球质心为中心的平均地球椭球的参数,以此建立全球大地坐标系,并在此基础上推求全球大地水准面差距、重力异常和垂线偏差等(图7.1)。

外部重力场的延拓问题——研究地球重力场的一种数学方法。

地球自然表面极不规则:有平原、盆地、山地、丘陵、高原、海洋等(图7.2)。

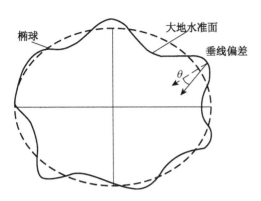

图 7.1　椭球面、大地水准面和垂线偏差之间
　　　　的关系

图 7.2　地球自然表面

7.2　重力测量学的形成与发展

重力测量学是一门古老的学科,从 16 世纪末至今 400 年来,它是以重力测量开始到重力场的理论研究,再拓展到应用重力资料研究地球的外表形状、内部结构与构造运动,进而深入到资源勘探、环境保护、灾害预防和空间科学等研究领域。而这些构成了现代重力学的基本内容及研究范畴。

7.2.1　重力测量学的发展简史

各世纪主要年代的代表性发现如下:

1. 16 世纪

1590 年意大利科学家伽利略,通过从比萨斜塔上投掷铅球的实验和斜面上球体滚落实验,研究发现了物体受地球重力下落的加速度规律(图 7.3)。开始,他发现自由落体下落时间太短,当时用实验直接验证有困难,于是他采用了间接的方法。他让一个铜球从阻力很小的斜面上滚下,做了上百次实验,小球在斜面运动加速度要比它竖直落下时小得多,所以时间容易测出。

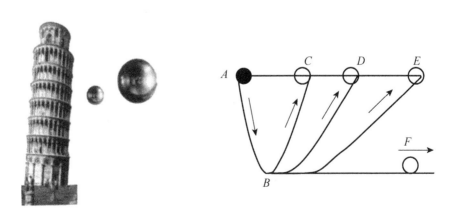

图 7.3　伽利略的两个著名实验

实验结果表明,光滑斜面倾角不变时,从不同位置让小球滚下,小球的位移与时间的平方之比不变,由此证明了小球沿光滑斜面下滑的运动是匀变速直线运动;换用不同质量的小球重复实验,结论不变。最后,通过推导粗略地求出地球重力加速度的数值为 $9.8 \ \mathrm{m/s^2}$。

2. 17 世纪和 18 世纪

17 世纪和 18 世纪是科学变革的兴盛时期,重力测量的理论基础是伴随着引力理论、刚体力学的发展而建立起来的。在伽利略发现自由落体以均匀加速度运动和摆的周期运动时间与摆的长度相关的这些理论基础上,惠更斯提出了数学摆和物理摆的理论,并研制出第一架钟摆(图 7.4)。此后的 200 多年间,测定重力的唯一工具就是摆。

法国天文学家理查在南美洲赤道附近圭亚那的科学考察,揭示了重力随测点位置的变化。1687 年,牛顿根据开普勒行星运动定律推导出万有引力定律,发表在《自然哲学的数学原理》一书中。

随着万有引力和离心运动的发现,牛顿提出液态均质地球的均衡状态学说,认为地球的形状是一个旋转的椭球体,指出了地球呈两极扁平的特征和重力是由赤道向两极增大的规律,从而解释了理查的观测事实。

布格将均衡状态研究进行扩展,提出了水准面的概念;通过一系列的观测,证实了重力随纬度的变化以及重力随高度的变化。

3. 19 世纪至今

19 世纪,赫尔默特研究了重力数据归算至海水面问题,大大提高了地球扁率的精度,并由此推出正常重力公式。

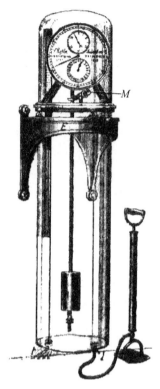

图 7.4 惠更斯钟摆

$$g_0 = 9.780\ 520(1 + 0.005\ 285 \sin^2\psi - 0.000\ 007 \sin^2 2\psi) \mathrm{m/s^2} \qquad (7.1)$$

1934 年沃登研制了石英弹簧重力仪;1945 年以后高精度、大测程的相对重力仪以及自由落体绝对重力仪相继制造出;此后开展了海洋重力仪与航空重力仪研究与试验。各种新型重力仪的相继制造,对重力控制网建立、区域重力测量、重力场的研究有着重大的影响。

60 年代,各国的国家重力网得到大规模的更新,随后通过国际合作建立了"国际重力基准",取代了之前建立的"波茨坦系统"。

随着计算机系统的普及应用,依据重力资料模拟地球物质分布的大型复杂计算成为可能,谱分析方法等引入为位场解释提供了新的可能性,这些都为重力学的发展创造了条件。

新的潮汐重力仪和超导重力仪的发展,为重力固体潮研究开辟了新的前景。

7.2.2 重力测量学的发展趋势

传统的天文、大地和重力测量方法的观测手段和观测结果,已不能满足研究地球形状和外部重力场的全球需要。

采用新的卫星观测方法,例如卫星雷达测高法,卫星—卫星跟踪技术,以及卫星重力梯度测量等,则可以提供更多的观测资料,弥补地面观测资料的不足。另外,由于地球并非刚体,而是带有一定黏滞性的弹性体,它在各种内力和外力的作用下处于运动状态,因此只有研究和探测地球外部重力场随时间的变化,才能为研究地球的动力效应提供必要的观测数据。

卫星重力测量即利用人造卫星测量地球的重力场,与传统的重力测量完全不同,并不是把重力仪安放在人造卫星上,因为在高速运转的人造卫星内,物体是失重的,任何重力仪放在里面都无法工作。

卫星重力测量原理:以卫星为载体,利用卫星本身为重力传感器或卫星所携带的重力传感器(加速度仪、精密测距系统和重力梯度仪等),观测由地球重力场引起的卫星轨道摄动,以这些数据资料来反演和恢复地球重力场的方法和技术。广义的卫星重力测量泛指所有基于卫星观测资料确定地球重力场的技术,它包括了从 20 世纪 60 年代发展起来的地面光电卫星跟踪技术、Doppler 地面跟踪技术、人造卫星激光测距技术和卫星测高技术以及近年才有所突破的卫星跟踪卫星技术(下称卫—卫跟踪或 SST)和卫星重力梯度技术。而影响卫星重力探测水平的关键在于高精度星载设备的研制与安装和低轨卫星精密定轨,这是目前卫星重力测量研究的热点和难点。

利用卫星重力资料将使确定地球重力场和大地水准面的精度提高一个数量级以上,并可测定高精度的时变重力场,同时为研究地球重力场提供海量数据,填补了地球上的重力空白区,其发展将涉及许多地球科学领域,对地学相关学科的影响将是深远的,特别是对大地测量学、地球物理学等领域将带来前所未有的冲击,最终会把它们推进到一个崭新的阶段。

科普:动态大地测量 (dynamic geodesy)

地球运动状态分为地球重力场变化、地球整体运动、地球形变运动。这些地球运动状态按空间结构可分为全球性的、区域性的、局部性的(范围在 100 千米以内);按时间可分为长期性的、周期性的、不规则性的。

地球运动状态非常复杂,需要采用传统的、现代的多种大地测量手段进行高精度测量。

- 重复水准测量的高差变化,可检测地壳垂直运动。
- 天文观测所得的坐标变化,证明地面点水平位移和垂线方向变化。
- 重力测量所得的重力变化,反映了地球重力场的变化以及同极移有关的部分。
- 利用甚长基线干涉测量方法,测量全球性板块运动和区域性地壳运动,以及极移、地球自转等。
- 利用激光对月球和卫星测距,可以测定地面点坐标及其变化,还可以测定地球自转参数以及地球引力位球谐函数展开式的系数。
- 卫星—卫星跟踪技术和卫星梯度测量,可以测定地球重力场要素及其变化。

7.3　重力测量与相关学科的关系

地球上所有有质量的物体都受到重力的影响,因此重力的用处是非常广泛的,重力测量与相关学科之间也是息息相关的。小到在超市里称东西,称的就是该物体所受重力的大小,称之为重量;大到国民经济、军事、科学等方面也离不开重力观测的研究。重力测量的目的就是研究地球的重力场,重力场的研究与测绘学科、地球学科、国防和军事学科都有着不可分割的关系。

7.3.1 与测绘学科的关系

重力测量与测绘学科的关系体现在重力测量可广泛用于各种大地测量数据的归算,比如天文经纬度、方位角、水平角、高度角、距离和水准测量结果等;推求地球椭球或参考椭球的参数;建立全球高程基准;GPS 测定正高(或正常高);精密定位;卫星精密定轨等。

重力测量是根据不同的目的和要求,使用重力仪测量地面某点的重力加速度,其中,重力测量中绝对重力值为已知的重力点,作为相对重力测量的起始点。关于重力基准问题,我国于 1956—1957 年建立了全国范围的第一个国家重力基准,称为 1957 年国家重力基本网,该网由 21 个基本点和 82 个一等点组成。1985 年,我国重新建立了国家重力基准,它由 6 个基准重力点,46 个基本重力点和 5 个因点组成,称为 1985 年国家重力基本网。

目前热点研究问题是 GPS 大地水准面精化。大地水准面精化是大地测量、地球物理等学科研究的重要内容之一,同时也是一项重要的基础测绘项目。基于重力与 GPS 水准组合法的大地水准面精化研究,来确定局部似大地水准面,将为基础测绘、数字中国地理空间基础框架、区域沉降监测、环境预报与防灾减灾、国防建设、海洋科学、气象预报、地学研究、交通、水利、电力等多学科研究与应用提供必要的测绘服务,具有特别重要的科学意义以及巨大的社会效益和经济效益。

7.3.2 与地球学科的关系

重力测量与地球学科的关系体现在重力测量可广泛用于地球深部结构及海洋洋流变化;固体地球均衡响应;冰后回弹;地幔和岩石圈密度变化;地球物理勘探;海洋洋流和大气质量分布变化等。总结之,即重力测量为地球物理学和地质学提供有关地球内部构造和局部特征的信息。

比如重力测量中用重力勘探技术获取关于地球重力场的相关数据就可以应用于多个领域。重力勘探是地球物理勘探方法之一,是利用组成地壳的各种岩体、矿体之间密度差异所引起的地表的重力加速度的变化而进行地质勘探的一种方法。它以牛顿万有引力定律为基础,只要勘探地质体与其周围岩体有一定的密度差异,就可以用精密的重力测量仪器(主要为重力仪和扭秤)找出重力异常,然后结合工作地区的地质和其他物探资料,对重力异常进行定性解释,便可以推断覆盖层以下密度不同的矿体与岩层埋藏情况,进而找出隐伏矿体存在的位置和地质构造情况。重力勘探地下几千米深处的地质构造,在金属与非金属矿产勘探、石油与天然气勘探、岩土与军事工程、文化考古勘探以及地壳结构与深部构造研究方面都发挥着越来越重要的作用。除此之外,重力测量也用于工程地质调查,如探测岩溶、追索断裂破碎带等,为各种工程的实施奠定了良好的基础。

在科学研究中,重力提供了除地震学之外认知地球内部的唯一的另外一种手段,对于精化地球模型和研究地球深内部物理有重要的研究意义。另外,在地震、火山等自然灾害的检测和预报方面,重力研究也提供了众多有实际应用价值的研究成果。还有,所有的观测仪器,不管是地面上的,还是空间中的,都会受到重力的影响,观测结果的重力影响改正是需要考虑的。

7.3.3　与国防和军事学科的关系

重力测量与国防和军事学科的关系体现在重力测量为建立高技术信息作战平台和现代军事技术提供高分辨率高精度地球重力场信息,应用于侦察低轨航天器轨道的设计和轨道确定、提高陆基远程战略武器(洲际导弹)的打击精度及生存能力、提高水下流动战略武器(潜载战略导弹)打击精度、对地观测卫星的精密定轨等。

既然所有有质量的物体都受到重力影响,导弹也不例外。因为地球重力场在地球表面上的大小是变化的,因此导弹如何才能精确命中目标必须要考虑重力的影响。自由飞行的导弹可看成是地球的卫星,地球重力场是决定导弹轨迹的最主要的力源(图 7.5)。

图 7.5　导弹发射

同样,从地球上发射太空探测器,最为重要的就是探测器所受的重力的大小,发射推进器的能量大小限定了探测器的质量范围。另外,其他星球上也有与地球类似的重力场,如月球重力场。因此,重力场的研究为探索太空提供了至关重要的前提和依据。另外,军事卫星的发射和精确观测都要用到重力场的知识。远程洲际弹道导弹、人造地球卫星、宇宙飞船等都在地球重力场中运动。在设计太空飞行器时,要首先知道准确的重力场数据。为提高导弹射击准确度,必须准确测量导弹发射点和目标的位置,同时也必须准确掌握地球形状和重力资料。据有关资料表明,1 万公里射程洲际导弹在发射点若有 $2\times10^{-6}\mathrm{m/s^2}$(0.2 毫伽)的重力加速度误差,则将造成 50 m 的射程误差;发射卫星最后一级火箭速度若有千分之二的相对误差,卫星就会偏离预定轨道近百公里,甚至导致发射失败。在地震预报中,如果地壳上升或下降 10 mm,将引起 $3\times10^{-8}\mathrm{m/s^2}$(3 微伽)的重力加速度变化。可见重力测量与国防和军事学科的关系是显而易见的。

7.4　重力测量的地位和作用

我们时时刻刻都生活在地球的重力场中,所以要了解我们生存的地球,重力测量是十分有用的方法,并且对于一个国家来说,能否拥有精密的地球重力场测量技术,是体现一个国家综合国力的要素之一。重力学作为一门历史悠久的地球科学的重要学科分支,其研究内容涉及地球表面及内部重力场的时空变化及规律研究的各个方面,在资源探查、环境保护、灾害预防、国民经济、国防建设和地球科学等各个领域的建设和发展中都有重要的贡献。所以,重力测量作为重力学获取数据并进行精度评估的重要基础性工作,无论是在过去还是在科学技术发达的今天都有着十分重要的作用。本节将简要地介绍重力测量的地位和作用。

7.4.1　重力测量的地位

1. 地球重力场的研究是大地测量科学研究的核心问题

大地测量学乃至测绘学是对地球进行测量和描述的学科,而地球重力场是地球的一个物理特性,是地球物质分布和地球旋转运动信息的综合效应,因此测定地球重力场的精细结构及其随时间的变化,可以提供高精度的地球重力场及其时变信息,提高人们对地球内部机制新的认知,探索地球从地核到岩石圈的结构和动力学特征,揭示岩石圈、大气与海洋的相互作用,可以为大地测量学中的定位与描述地球表层及其内部物质结构的形态提供基础地球物理空间信息。重力测量提供高精度的海洋大地水准面,为联合海洋卫星测高数据定量确定海洋环流、海洋热运输、海洋波动、海平面变化以及其他海洋动力模型的建立创造必要条件。它也提供一个较好的全球一致的高程基准,便于不同区域地理信息比对与融合、海岸线确定等基础测绘工作,实现 GPS 卫星定位替代一定精度的水准测量技术,极大程度地促进了大地测量学的发展。

2. 地球重力场研究也是地球科学的一项基础性任务

大地测量学、地球物理学、地球动力学、大气科学和海洋学以及军事科学等相关学科的发展均迫切需要精细的地球重力场的支持。联合高精度大地水准面和冰面测高数据精确测定全球冰盖厚度和体积,为冰川学及相应地球动力学和气候等分析研究提供良好的条件。在大气方面,重力测量提供比较精细的大气密度模型及其时间序列,利用卫星的高精度非保守力测量数据,反演大气参数,提高人们对大气层的认知。同样,重力学作为一门基础性科学和应用基础性科学,通过提供高精度重力场时间变化监测数据,也可以为现代地球科学解决人类面临的资源、环境和灾害等紧迫性课题提供基础的地球物理空间信息。

7.4.2　重力测量的作用

随着科学技术的发展以及与地球重力场相关的应用需要,重力学在新理论、新方法、新技术和新仪器等方面的研究任务是相当艰巨的,也是十分光荣的。

重力测量的目的就是研究地球的重力场。重力场的研究有助于人们研究地球形状、地球内部物质分布、地球内部构造等,并将这些结果应用于灾害预防、国民经济、国防建设等领域,因此重力测量的作用主要体现在以下几个方面:

1. 太空探索

从地球上发射太空探测器,最为重要的就是探测器所受重力的大小,发射推进器的能量大小限定了探测器的质量范围。另外,其他星球上也有与地球类似的重力场,如月球重力场。因此,重力场的研究为探索太空提供了至关重要的前提和依据。

在太空领域的探索过程中,重力卫星发挥着主要的作用。卫星重力测量系统在一定程度上是诸多空间发展计划的关键技术。例如系统的地面跟踪设施,卫星激光跟踪网和导航卫星地面连续跟踪站,可以作为地球空间卫星和航天器的地面公共基础设施。利用它还能为我国的区域卫星导航系统服务,大幅度提高区域性卫星定位导航的精度、可靠性和自主能力。

2. 军事科技

高精度地球重力场、海洋环境、大气环境是卫星重力系统的三个重要信息。它们是发展现代军事技术、建立高技术信息作战平台的重要技术保障之一。地球重力场模型越精确,越能反映实际的重力情况。既然所有有质量的物体都受到重力影响,导弹也不例外,因为地球重力场在地球表面上的大小是变化的,因此导弹如何才能精确命中目标必须要考虑重力的影响。另外,军事卫星的发射和精确观测都要用到重力场的知识,所以重力在军事方面的重要性是显而易见的。重力场在军事科技中的应用主要体现在三个方面:卫星重力测量对导弹武器的影响,地球重力场对飞行器惯性制导的影响,地球重力场对打击精度的影响。

3. 科学研究

在科学研究中,地球重力场反映地球物质的空间分布、运动和变化,确定地球重力场的精细结构及其时间变化,不仅是现代大地测量的主要科学目标之一,而且也将为现代地球科学解决人类面临的资源、环境和灾害等紧迫性课题提供重要的、基础的地球空间信息。重力提供了除地震学之外认知地球内部的唯一的另外一种手段,对于精化地球模型和研究地球深内部物理有重要的研究意义。另外,在地震、火山等自然灾害的检测和预报方面,重力研究也提供了众多有实际应用价值的研究成果。还有,所有的观测仪器,不管是地面上的,还是空间中的,都会受到重力的影响,观测结果的重力影响改正是需要考虑的。地球重力场是稳态海洋环流探测重要的参考依据。卫星重力探测特别适合测量和监测全球海底压力及其变化、全球海洋质量变化、全球海底资源调查、全球海深计算等一系列目前难以很好解决的问题。

4. 地质灾害

我国是个自然灾害多变的大国,地震、滑坡曾多次造成国民经济重大损失。目前的地球重力场由于中长波分量的精度不够高,且难以获取重力场的时变信息,因而对这些自然灾害的监测、分析与预报能力特别有限。因此,采用高精度重力仪监测重力场非正常变化,预测地质灾害发生的时间和地点,这样可以在一定程度上减少生命财产的损失。重力学在这方面涉及的内容有:重力监测研究包括固体潮汐变化的长期连续监测,火山和地震等特定地质现象的动态重复监测,以及监测结果的解释理论、方法与技术等。

高精度的地球重力场中长波分量及其时变信息有利于人们对地震活动的地球内部物理机制的认识和预测,有利于人们分析与监测山体的微重力平衡及其变化情况,从而有利于人们结合山体地质构造从整体上把握山体滑坡的范围与可能性。高精度的地球重力场及其时变信息在提高自然灾害监测、分析与预报能力方面具有重要的作用,是灾害与环境监测预报的重要手段。

5. 国民经济

固体地球物理学是地球科学的重要组成部分。重力学作为固体地球物理的一个不可缺少的重要分支学科,不论在过去几十年,还是现在,都曾为和正在为资源的探查做出过和正在做出重要的贡献。在新的世纪,面对资源问题的挑战,重力学科将在资源探查的新理论与探查新方法的研究、探查技术的革新、探查仪器的创制等方面有所发现、有所创新、做出新成绩,为我国的资源探查与开发发挥本学科应有的贡献,促进国民经济的发展。

西部地区发展战略与海洋发展战略是我国国民经济建设与社会发展规划的两个重点。

地球重力场是地球科学中最具基础性的地球物理场。目前,我国西部地区重力场精度较低,影响到西部环境和资源调查;同时西部大地水准面精度较差,也影响到西部高程基准参考面的确定,进而影响航空、星载遥感技术的快速立体测图(大地高转换为海拔高),这在很大程度上影响了西部地区与我国海域的资源环境调查、发展规划的正确制定与落实。浅海与滩涂存在大量的重力空白区,影响了我国沿海与大陆架海区的资源调查,也影响了我国陆海垂直基准参考面的拼接,进而影响陆海地形图的拼接,使得陆海测绘垂直基准统一面临一定的困难;海域重力场的可靠性不能保障,影响到不同海域地理信息的融合与海洋军事技术的发挥,并在一定程度上造成海洋资源环境调查与海洋权益保护缺少大地测量依据。高精度地球重力场模型的建立,将为 GPS 水准确定正高替代高投入低效率的低等级水准测量提供相应分辨率的高精度大地水准面,为西部地区资源环境探测与工程建设、海洋资源环境探测与工程建设等提供高程基准支持,提高工程作业的自动化能力。

综观 21 世纪的发展趋势,固体地球物理学、重力学将会产生重要的作用,但是也会面临着一些挑战。因此,重力学在国民经济、国防建设、资源问题、灾害问题、科技进步等方面,前景是十分光明的,但重力学科的任务也是相当艰巨的。

第 8 章　重力测量原理

地球上所有有质量的物体都受到重力的影响,因此重力的用处及体现是非常广泛的。例如在超市里称东西,称的就是该物体所受重力的大小,称之为重量。本书中所讲的重力的用处,是指高精度的重力观测研究在国民经济、军事、科学等方面的用处。重力测量的目的就是研究地球的重力场。重力场的研究有助于人们研究地球形状、地球内部物质分布、地球内部构造等。本章将简要介绍重力的定义及重力测量的方式和原理,详细介绍测定绝对重力和相对重力的方法,最后简要介绍一些常用的重力测量仪器以及国内外重力基准。

8.1　重力与重力测量

重力测量是指重力的测量,即测定地球表面(近地面)以及其他天体表面(或其他天体附近)的重力加速度的大小。实测重力受地球引力和离心力、引潮力、负荷重力以及仪器的重力的影响,如何从实测重力中精确地获取所需的信息数据,并对其进行研究和应用是从事重力场研究的地球物理学家的主要工作内容。

8.1.1　重力的定义

1. 万有引力

质量与质量之间的一种相互吸引力,简称引力。

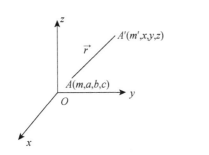

图 8.1　引力计算

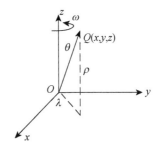

图 8.2　离心力计算

引力计算(如图 8.1)公式为:

其中
$$\vec{F} = -f\frac{m\,m'}{r^3}\vec{r} \tag{8.1}$$

$$f = 6.672 \times 10^{-11}\,\mathrm{m^3 \cdot kg^{-1} \cdot s^{-2}} \tag{8.2}$$

$$\vec{r} = (x-a)\vec{i} + (y-b)\vec{j} + (z-c)\vec{k} \qquad (8.3)$$

$$r = \sqrt{(x-a)^2 + (y-b)^2 + (z-c)^2} \qquad (8.4)$$

当 $m' = 1$ 时,各坐标分量为:

$$\begin{cases} F_x = -f\dfrac{m}{r^3}(x-a) \\[2mm] F_y = -f\dfrac{m}{r^3}(y-b) \\[2mm] F_z = -f\dfrac{m}{r^3}(z-c) \end{cases} \qquad (8.5)$$

2. 离心力

离心力为惯性力,但不是物质力,其方向垂直于自转轴向外,并且随该点到自转轴距离的增大而增大,如图 8.2 所示。

设坐标系统绕 z 轴以角速度 ω 转动,则 Q 点 (x,y,z) 的离心力为:

$$P = \omega^2\sqrt{x^2+y^2} = \omega^2\rho\sin\theta \qquad (8.6)$$

$$\vec{P} = \omega^2(x\vec{i}+y\vec{j}) \qquad (8.7)$$

3. 重力

从物理概念上来讲,重力是万有引力和离心力的合力:

$$\vec{G} = \vec{F} + \vec{P} \qquad (8.8)$$

$$\vec{G} = m\vec{a} \qquad (8.9)$$

G 的单位为: $1 \text{ cm/s}^2 = 1 \text{ Gal} = 10^3 \text{ mGal} = 10^6 \text{ }\mu\text{Gal}$

通常情况下所说的重力,是指狭义的重力。狭义的重力是指在万有引力为静态地球总质量的引力且离心力仅为地球自转的离心力的情况下的重力。即地球所有质量对任一质点所产生的引力与该点相对于地球的平均角速度及平均地极的离心力之合力。狭义的重力还假定地球的总质量不变且地球上的物质不存在质量迁移(静态地球),假定地球的自转轴和自转速度都不发生变化(一般取地球的平均自转轴和平均自转速度)。由定义可知,狭义的重力是不变的。

实际上我们观测的重力是变化的,这种变化引起的原因按上面的重力定义来讲应该有两种,即万有引力和离心力的变化,实际上还应该包括观测仪器方面的变化。实测重力是地球引力和离心力、引潮力、负荷重力以及仪器的重力影响的总和。因此,广义的重力应为宇宙间全部物质对任一质点所产生的引力和该点相对于地球的瞬时角速度及瞬时地极的离心力之合力。

8.1.2　重力测量的方式

一般把重力加速度的测量称之为重力测量。主要方式有:绝对重力测量和相对重力测量。

1. 绝对重力测量

以测量下落物体的距离和时间这两个基本量作为基础,直接测定地面上某点的绝对重力值。通常的方法有两种,一种是根据"摆"的自由摆动测定绝对重力;另一种是根据物体的自由下落运动测定绝对重力。地球表面上的绝对重力值约在 978～983 Gal。

2. 相对重力测量

绝对重力测量非常复杂而且费时,一般只用于重力基本点的测量。大量的重力测量则采用相对重力测量方式,即用仪器测定地面上两点之间的重力差值。相对重力测量的方法也归为两种,一种称为动力法,另一种称为静力法。地球表面上的最大重力差约为 5 000 mGal。

另外还有:

固定台站重力测量:观测重力随时间的变化。

流动站重力测量:观测重力随空间位置的变化。

8.1.3　重力测量的原理

1. 动力法

观测物体的运动状态以测定重力,可应用于绝对重力测量和相对重力测量。其中"摆法"是利用自由摆在摆动过程中测定摆的周期,结合摆的长度推求重力值的大小。"自由落体法"的原理即测定物体在自由落体时的距离和时间求得重力值。

2. 静力法

观测物体受力平衡,量测物体平衡位置受重力变化而产生的位移来测定两点的重力差,该方法只能用于相对重力测量。静力法所用的仪器称为重力仪,例如观测负荷弹簧的伸长即属于此类,此类仪器称为弹簧重力仪。

8.2　动力法测定绝对重力

测定重力场中一点的绝对重力值,一般采用动力法。主要利用两种原理,一种是自由落体原理,这是伽利略在 1590 年进行世界上第一次重力测量时所提出的原理;另一种是摆的原理,这是荷兰物理学家惠更斯在 1673 年提出的。

8.2.1　自由落体测绝对重力

1. 基本原理

根据牛顿运动定律物体在下落过程中的运动方程为

$$F = ma \tag{8.10}$$

物体在下落过程中(真空)

$$F = mg \qquad a = \ddot{h} \tag{8.11}$$

将(8.11)式代入(8.10)式得:

$$\ddot{h} = g \qquad \dot{h} = gt + \dot{h}_0 \tag{8.12}$$

对(8.12)式的第二个公式两边积分得:

$$h = h_0 + \dot{h}_0 t + \frac{1}{2}gt^2 \tag{8.13}$$

其中，$\dot{h}_0$（即 v_0）、h_0 和 g 为待定常数。

从上式可以看出，我们只要在三个不同的时刻测得自由落体的下落时间 t_i 及其相应的距离 $h_i - h_0$，就可通过解三元一次线性方程求出绝对重力值 g。

2. 自由落体三位置法（图 8.3）

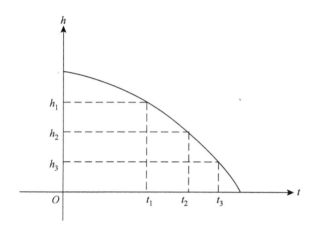

$$\begin{cases} h_1 = h_0 + v_0 t_1 + \dfrac{1}{2}g t_1^2 \\[2mm] h_2 = h_0 + v_0 t_2 + \dfrac{1}{2}g t_2^2 \\[2mm] h_3 = h_0 + v_0 t_3 + \dfrac{1}{2}g t_3^2 \end{cases}$$

图 8.3　自由落体 h-t 图

$$h_2 - h_1 = v_0(t_2 - t_1) + \frac{1}{2}g(t_2^2 - t_1^2) = (t_2 - t_1)\left[v_0 + g(t_2 + t_1)\right] \tag{8.14}$$

$$h_3 - h_1 = v_0(t_3 - t_1) + \frac{1}{2}g(t_3^2 - t_1^2) = (t_3 - t_1)\left[v_0 + g(t_3 + t_1)\right] \tag{8.15}$$

即：

$$\frac{h_2 - h_1}{t_2 - t_1} = v_0 + \frac{1}{2}g(t_2 + t_1) \tag{8.16}$$

$$\frac{h_3 - h_1}{t_3 - t_1} = v_0 + \frac{1}{2}g(t_3 + t_1) \tag{8.17}$$

由上面两式可以推出：

$$g = \frac{2\left(\dfrac{S_2}{T_2} - \dfrac{S_1}{T_1}\right)}{T_2 - T_1} \tag{8.18}$$

其中，$S_1 = h_2 - h_1$，$S_2 = h_3 - h_1$，$T_1 = t_2 - t_1$，$T_2 = t_3 - t_1$

通过上式，我们可利用三位置观测确定绝对重力值 g。

3. 对称自由运动的方法（上抛法）

将物体以初速度 v_0 上抛，测定物体在上抛和下落过程中，在同一高度时的时间差 Δt_1 和另一同高度时的时间差 Δt_2，同时测定高差 Δh。

上抛过程：

上抛速度：$\dot{h} = v_0 - gt$

垂直距离：$h = h_0 + v_0 t - \dfrac{1}{2} g t^2$

在顶点时：$t = t_a$　$\dot{h}_a = \dot{h}(t = t_a) = 0$

下落过程：

$$\dot{h} = g(t - t_a)$$

$$h = h_a + \frac{1}{2} g(t - t_a)^2$$

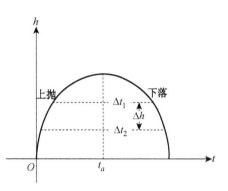

图 8.4　对称自由落体 h-t 图

通过比较可以看出，在上抛和下落过程中经过同一点的速度值相同（图 8.4），在上抛和下落过程中经过同一高度之间的时间差为：

$$\Delta t_i = 2(t_i - t_a) = 2 \frac{\dot{h}_i}{g} \tag{8.19}$$

当 $t_i > t_a$ 时，物体为下落阶段

$$\begin{aligned}
\dot{h}_2^2 - \dot{h}_1^2 &= g^2 (t_2 - t_a)^2 - g^2 (t_1 - t_a)^2 \\
&= g^2 \left[(t_2 - t_a - t_1 + t_a)(t_2 - t_a + t_1 - t_a) \right] \\
&= g^2 (t_2^2 - t_1^2) - 2 g^2 t_a (t_2 - t_1)
\end{aligned}$$

而 $h_2 - h_1 = \Delta h = \dfrac{1}{2} g(t_2^2 - t_1^2) - g t_a (t_2 - t_1)$

两边同时乘以 $2g$，通过比较可以看出：

$$2 g \Delta h = g^2 (t_2^2 - t_1^2) - 2 g^2 t_a (t_2 - t_1)$$

$$h_2^2 - h_1^2 = 2 \Delta h g = \frac{g^2}{4} (\Delta t_2^2 - \Delta t_1^2)$$

从而可求出

$$g = \frac{8 \Delta h}{\Delta t_2^2 - \Delta t_1^2} \tag{8.20}$$

重力 g 与观测值 h 和 t 之间的精度关系为：

$$h = \frac{1}{2} g t^2 \tag{8.21}$$

对上式两边取对数微分可得：

$$\frac{\mathrm{d}h}{h} = \frac{\mathrm{d}g}{g} + \frac{2 \mathrm{d}t}{t} \tag{8.22}$$

应用误差传播定理得：

$$\left(\frac{m_g}{g} \right)^2 = \left(\frac{m_h}{h} \right)^2 + \left(\frac{2 m_t}{t} \right)^2 \tag{8.23}$$

若要求 $\dfrac{m_g}{g} \approx 10^{-6}$，则按等影响原则有：

$$m_h \approx \pm 0.71 \times 10^{-6} h$$

$$m_t \approx \pm 3.5 \times 10^{-7} t$$

如果物体下落距离 $h \approx 1\ m$，下落时间 $t \approx 1\ s$，则长度测量误差应不超过 $1\ \mu m$，时间量测误差应不超过 $3.5 \times 10^{-7}\ s$。

8.2.2 振摆测定绝对重力

按理论力学中的转动定理有：

$$J_x \frac{\mathrm{d}\bar{\omega}}{\mathrm{d}t} = M_x \tag{8.24}$$

其中，J_x 为物理摆对固定轴的转动惯量；$\bar{\omega}$ 为物理摆的摆动角速度，即 $\bar{\omega} = -\frac{\mathrm{d}\varphi}{\mathrm{d}t}$，这里负号表示偏角 φ 增加，角速度 $\bar{\omega}$ 减小；M_x 为重力分量对固定轴的力矩，且

$$M_x = mga\sin\varphi \tag{8.25}$$

物理摆的运动方程为：

$$\frac{\mathrm{d}^2\varphi}{\mathrm{d}t^2} = -\frac{g}{l}\sin\varphi \tag{8.26}$$

这里 $l = \frac{J_x}{am}$，称为改化摆长（图8.5）。

求解上述微分方程，可得：

$$T = \pi\sqrt{\frac{l}{g}} \tag{8.27}$$

重力 g 与观测值 T, l 之间的精度关系为：

$$\frac{\mathrm{d}T}{T} = \frac{1}{2}\frac{\mathrm{d}l}{l} - \frac{1}{2}\frac{\mathrm{d}g}{g} \tag{8.28}$$

应用误差传播定理得：

$$\left(\frac{m_g}{g}\right)^2 = \left(\frac{m_l}{l}\right)^2 + \left(\frac{2m_T}{T}\right)^2 \tag{8.29}$$

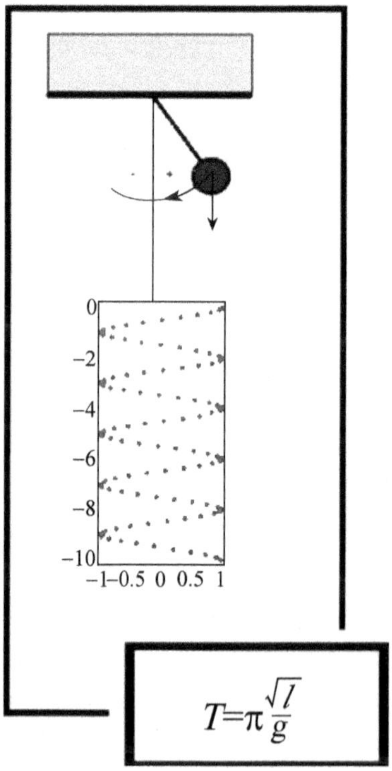

$$T = \pi\sqrt{\frac{l}{g}}$$

图8.5 振摆测定重力

假定 m_l 和 m_T 对 m_g 的影响相等，并要求重力测量的精度为 $1\ mGal$，即 $\frac{m_g}{g} \approx 10^{-6}$，则摆动周期的允许观测误差为：$m_T \approx \pm 3.5 \times 10^{-7} T$；改化摆长的允许观测误差为：$m_l \approx \pm 0.71 \times 10^{-6} l$。也就是说，如果要求重力测量达到 $1\ mGal$ 的精度，则当摆动周期为 $1\ s$ 时，周期的观测误差不得超过 $3.5 \times 10^{-7}\ s$；当改化摆长为 $1\ m$ 时，其量测误差不得超过 $1\ \mu m$。

值得一提的是：对于实时观测的重力值，由于它不仅包含地球质量的引力，还包含日月引力及其产生的地球形变的潮汐效应，环境变化以及仪器系统的误差等，这些因素都影响到

观测重力值。因此,需要对实时观测重力值可能产生的误差进行分析及必要的改正(摆幅改正、温度改正、气压改正、计时器速度改正等),消除已知的各种影响因素引起的实时观测重力值变化。

8.3　静力法测定相对重力

静力法测定重力是观测物体受力平衡时,量测物体平衡位置受重力变化而产生的位移来测定两点的重力差,因此该方法也只能用于相对重力测量。

8.3.1　基本原理

弹性体在重力作用下发生形变,当弹性体所受到的弹性力与重力平衡时,弹性体处于某一平衡位置;当重力改变时,弹性体的平衡位置就有所改变,观测弹性体两次平衡位置的变化就可以测定两点的重力差(图8.6)。

8.3.2　几种重力仪测量原理

1. 垂直型弹簧重力仪

由初中物理学知识可知:

$$k(s_1 - s_0) = mg_1 \qquad (8.30)$$
$$k(s_2 - s_0) = mg_2 \qquad (8.31)$$

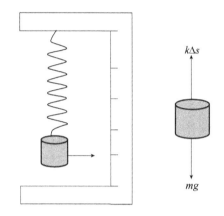

图 8.6　静力法测定相对重力基本原理

其中,m 是荷重的质量;s_0 是弹簧在无荷重作用时的长度;s_1 是第一点上弹簧的长度,与其相应的重力 g_1;s_2 是第二点上弹簧的长度,与其相应的重力 g_2;k 是弹簧的弹性系数。

由上面两式推得:

$$\Delta g = g_2 - g_1 = \frac{k}{m}(s_2 - s_1) = C\Delta s \qquad (8.32)$$

其中,C 称为对称格值。

2. 旋转型弹簧重力仪

由旋转型弹簧重力仪相应的公式得:

$$k(s_1 - s_0)d_1 + \tau\theta_1 = mlg_1 \cos\beta_1 \qquad (8.33)$$
$$k(s_2 - s_0)d_2 + \tau\theta_2 = mlg_2 \cos\beta_2 \qquad (8.34)$$

由上面两式推得:

$$\Delta g = g_2 - g_1 = \frac{kd}{ml}(s_2 - s_1) = C\Delta s \qquad (8.35)$$

其中,$\theta_1 = \theta_2 = \theta$,$\beta_1 = \beta_2 \approx 0$,$d_1 = d_2 = d$。

3. 扭丝型弹簧重力仪

相应地,由扭丝型弹簧重力仪的公式得:

$$k'(s' - s'_0)d' + k(s_1 - s_0)d + \tau\theta = mlg_1\cos\beta_1 \tag{8.36}$$

$$k'(s' - s'_0)d' + k(s_2 - s_0)d + \tau\theta = mlg_2\cos\beta_2 \tag{8.37}$$

其中,$\beta_1 = \beta_2 \approx 0$。由上面两式推得

$$\Delta g = g_2 - g_1 = \frac{kd}{ml}(s_2 - s_1) = C\Delta s \tag{8.38}$$

重力仪的特点:精度高、观测时间短、成果计算简单、体积小、重量轻,适宜大范围内作业,主要用于加密重力测量。

重力仪的灵敏度:即重力仪的弹性系统对重力变化的敏感程度,用公式表达为:

$$gM(\beta, t, B, \alpha) + \sum m_i(\beta, t) = 0 \tag{8.39}$$

对上式求微分得:

$$\left(g\frac{\partial M}{\partial \beta} + \frac{\partial \sum m_i}{\partial \beta}\right)\frac{\mathrm{d}\beta}{\mathrm{d}g} + \left(g\frac{\partial M}{\partial t} + \frac{\partial \sum m_i}{\partial t}\right)\frac{\mathrm{d}t}{\mathrm{d}g} + g\frac{\partial M}{\partial B}\frac{\mathrm{d}B}{\mathrm{d}g} + g\frac{\partial M}{\partial \alpha}\frac{\mathrm{d}\alpha}{\mathrm{d}g} + M = 0 \tag{8.40}$$

其中,$\dfrac{\mathrm{d}\beta}{\mathrm{d}g}$ 是因重力变化而引起的位移变化,称为重力仪的灵敏度;$\dfrac{\mathrm{d}t}{\mathrm{d}g}$ 是温度变化对观测重力的影响,称为重力仪的温度系数;$\dfrac{\mathrm{d}B}{\mathrm{d}g}$ 是气压对观测重力的影响,称为重力仪的气压系数;$\dfrac{\mathrm{d}\alpha}{\mathrm{d}g}$ 是重力仪倾斜对观测重力的影响,称为重力仪的倾斜灵敏度。

对于垂直型弹簧仪来说

$$mg - ks = 0 \tag{8.41}$$

则:

$$\begin{aligned}&\frac{\mathrm{d}s}{\mathrm{d}g} = \frac{m}{k} = \frac{s}{g}\\&\Rightarrow \frac{\mathrm{d}s}{\mathrm{d}g} = \frac{20}{10^6}\mathrm{cm/mGal} = 0.2\ \mu\mathrm{m/mGal}\end{aligned} \tag{8.42}$$

对于扭丝型重力仪来说

$$\begin{aligned}&mgl\cos\beta - \tau\theta = 0\\&\Rightarrow \frac{\mathrm{d}\beta}{\mathrm{d}g} = \frac{ml\cos\beta}{mgl\sin\beta} = \frac{\cot\beta}{g}\end{aligned} \tag{8.43}$$

当 $\beta = 1°$ 时,$\dfrac{\mathrm{d}\beta}{\mathrm{d}g} = 12''/\mathrm{mGal}$;当 $\beta = 4°$ 时,$\dfrac{\mathrm{d}\beta}{\mathrm{d}g} = 3''/\mathrm{mGal}$;当 $\beta = 0°$ 时,$\dfrac{\mathrm{d}\beta}{\mathrm{d}g} = \infty$。

8.3.3 外界因素对重力仪的影响

1. 温度影响

外界温度对重力仪的影响可以通过温度补偿重力仪、恒温装置或者温度改正的方法来

减弱或消除。

温度补偿重力仪的原理如下：

$$\frac{\mathrm{d}g}{\mathrm{d}t} = -\frac{g\dfrac{\mathrm{d}M}{\mathrm{d}t} + \dfrac{\mathrm{d}M_i}{\mathrm{d}t}}{M} \tag{8.44}$$

$$M = M_0(1 + \lambda t) \tag{8.45}$$

$$M_i = M_{i0}(1 + \mu t) \tag{8.46}$$

$$\frac{\mathrm{d}g}{\mathrm{d}t} = \frac{gM_0\lambda + M_{i0}\mu}{M_0(1 + \lambda t)} \approx -g(\lambda - \mu) = K_t \tag{8.47}$$

其中，K_t 称为温度系数。

另一种为温度改正方法，通常设重力仪的温度改正数是温度 t 的二次函数，即：

$$\Delta g(t) = \alpha t + \beta t^2 \tag{8.48}$$

$$\Delta g(t) = \beta(t - t_0)^2 \quad t_0 = -\frac{\alpha}{2\beta} \tag{8.49}$$

其中，α 和 β 为两系数，t_0 为补偿温度，t 为观测温度。

2. 气压影响

气压变化只对摆杆的质量有影响，K_B 称为重力仪的气压系数。要减小重力仪的气压系数，则必须增大弹性系统摆杆的密度。

$$K_B = \frac{\mathrm{d}g}{\mathrm{d}B} = -\frac{g\dfrac{\mathrm{d}M}{\mathrm{d}B}}{M} \tag{8.50}$$

$$K_B = \frac{g\delta_0}{\rho} \cdot \frac{1}{760\left(1 + \dfrac{1}{273}t\right)} \tag{8.51}$$

$$\Delta g_B = K_B \Delta B \tag{8.52}$$

其中，δ_0 为标准状况下的空气密度，ρ 为摆杆质量的密度，B、t 分别为观测时的大气压和温度。

3. 倾斜影响

$$gM(\beta, t, B, \alpha) = gml\cos\beta\cos\alpha \tag{8.53}$$

$$\frac{\mathrm{d}g}{\mathrm{d}\alpha} = g \cdot \tan\alpha \quad \mathrm{d}g = g \cdot \tan\alpha \cdot \mathrm{d}\alpha \approx g \cdot \alpha \cdot \mathrm{d}\alpha \text{（通常 } \alpha \text{ 角很小）} \tag{8.54}$$

$$\Delta g_\alpha = \frac{g\alpha^2}{2} \tag{8.55}$$

其中，α 为摆杆倾斜角，β 为摆杆的位移，t、B 分别为观测时的温度和大气压。

4. 地磁影响

对于地磁影响,通常将弹性系统消磁或者把重力仪放在防磁设备中,以消除这种影响。

8.3.4　重力仪的零点飘移

重力仪的弹性系统(弹性体)在外力的作用下产生弹性疲乏现象,使得重力仪在同一观测点的读数随时间而连续变化,称为零点飘移,简称零飘或掉格。

假设零飘与时间成线性变化,则每小时的零飘改正率为:

$$K = \frac{s_1 - s_1'}{t_1' - t_1} \text{(单位为:格/小时)} \tag{8.56}$$

$$s_2 = s_2' + K(t_2 - t_1) \tag{8.57}$$

8.3.5　重力测量数据处理

经零飘改正后,两点的重力差为:

$$\Delta g = C(s_2 - s_1) \tag{8.57}$$

精度估算:

若测线次数和仪器数较少,则按下式进行估算:

$$m_{\Delta g} = \pm \sqrt{\frac{[vv]}{n(n-1)}} \tag{8.58}$$

若测线次数和仪器数较多,则按下面的方法估算:

$$\Delta g_{ij} = \Delta g + x_{ij} + y_i + z_j \tag{8.59}$$

其中,Δg 为重力差的真值,x_{ij} 为偶然误差,y_i 为第一半系统误差,z_j 为第二半系统误差。具体公式如下:

$$\begin{cases} \Delta \bar{g} = \dfrac{1}{nk} \sum_{i=1}^{n} \sum_{j=1}^{k} \Delta g_{ij} \\[2mm] \Delta \bar{g}_{i0} = \dfrac{1}{k} \sum_{j=1}^{k} \Delta g_{ij} \\[2mm] \Delta \bar{g}_{0j} = \dfrac{1}{n} \sum_{i=1}^{n} \Delta g_{ij} \end{cases} \tag{8.60}$$

$$\begin{cases} m_n = \pm \sqrt{\dfrac{\sum\limits_{i=1}^{n} \Delta_{i0}^2}{n-1}} \\[4mm] m_k = \pm \sqrt{\dfrac{\sum\limits_{j=1}^{k} \Delta_{0j}^2}{k-1}} \end{cases} \tag{8.61}$$

$$\begin{cases} \Delta_{i0} = \Delta \bar{g}_{i0} - \Delta \bar{g} \\ \Delta_{0j} = \Delta \bar{g}_{0j} - \Delta \bar{g} \end{cases} \tag{8.62}$$

$$\begin{cases} m_n^2 = \dfrac{1}{k} m_1^2 + m_2^2 \\ m_k^2 = \dfrac{1}{k} m_1^2 + m_3^2 \end{cases} \tag{8.63}$$

$$m_1 = \pm \sqrt{\frac{[vv]}{(n-1)(k-1)}} \tag{8.64}$$

对于重力网,其平差方法与水准网的平差方法类似,可以把重力网中各段重力差作为观测值按条件平差方法进行平差,以重力仪的读数为观测值按间接平差方法进行平差。

$$\begin{cases} v_{ij} = \delta_{ij} - \delta_{0j} \\ \delta_{ij} = \Delta g_{ij} - \Delta \bar{g}_{i0} \\ \delta_{0j} = \dfrac{1}{n} \sum_{i=1}^{n} \delta_{ij} \end{cases} \tag{8.65}$$

8.4 重力测量仪器简介

地球表面上任何一点的重力值都是可以用仪器实际测量出来的,那么进行重力测量的仪器就称为重力仪。重力仪的类型很多,分别适用于不同的测量领域和工作环境,例如在陆地、海洋、井中、天空等环境的测量。我国的重力测量开展得比较晚,在 19 世纪 30 年代才开始,50 年代开始用四摆仪观测绝对重力。本节主要简单介绍重力仪的分类和几种代表性的重力仪。

8.4.1 重力测量仪的分类

重力测量仪按测量原理可以分为绝对重力仪和相对重力仪;按仪器的结构可以分为机械式重力仪和电子式重力仪。机械式重力仪又可以分为石英弹簧重力仪、金属弹簧重力仪和振弦重力仪;电子式重力仪又可以分为超导重力仪和激光重力仪,电子式重力仪常常在实验室里使用。重力测量仪的分类如图 8.7 所示。

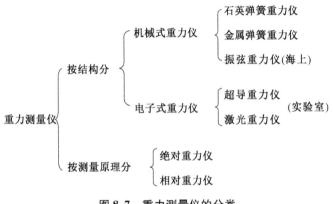

图 8.7 重力测量仪的分类

8.4.2　绝对重力仪

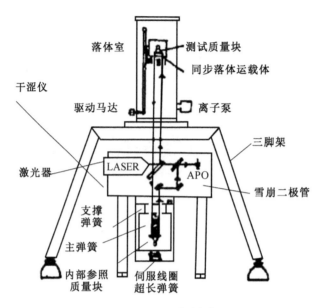

图 8.8　FG5 型重力仪

如果用重力仪测量出来的是该测点的重力绝对数值,则称重力仪为绝对重力仪。绝对重力测量的方法、手段有很多。凡是与重力有关的一切物理现象都可以用来测量重力,如摆、自由落体、斜面法等。但是不论用什么原理,有两个基本量必须要精确地测出来,一个是长度,一个是时间,这两个量的测量精度决定了重力的测量精度。

目前国内外普遍使用的绝对重力仪主要是美国 Micro-g LaCoste 公司生产的 FG5 型重力仪,其结构如图 8.8 所示,观测精度在微伽的量级。适用于高精度观测地震,地壳垂直运动,火山监测,长周期固体潮运动周期观察,原子能废料清理,油气勘探等。

8.4.3　相对重力仪

如果用重力仪测量出来的是该测点与另一测点(也可以是重力基难点)的两测点间的重力差值,则称重力仪为相对重力仪。与绝对重力测量相比,实施相对重力测量要简便易行、省时、省力、省经费。

地球表面上的重力变化仅在 $250\sim350\ \mu\mathrm{Gal}$ 之间,因此相对重力测量要求观测仪器必须非常灵敏而且观测精度要高。相对重力仪大部分用的是弹簧重力仪,精度最高为微伽量级,类型有许多,如 LCR-ET 型重力仪、Gphone 等;另外是精度最高的超导重力仪,观测精度为 $0.1\ \mu\mathrm{Gal}$ 的量级。

1. 石英弹簧重力仪

石英弹簧重力仪主要有我国自行研制的 ZSM 石英弹簧重力仪,如图 8.9 所示,其主要的技术指标见表 8.1;美国研制的沃顿重力仪,其标准型的精度为 30 $\mu\mathrm{Gal}$,大地型的精度为 300 $\mu\mathrm{Gal}$;加拿大研制的 CG-2 重力仪,其勘探型的精度为 $50\sim100\ \mu\mathrm{Gal}$,大地型的精度为 500 $\mu\mathrm{Gal}$。

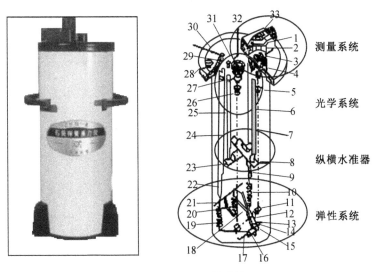

图 8.9 国产 ZSM 石英弹簧重力仪

表 8.1 ZSM-4 重力仪的主要技术指标

名称	参数
读数精度	±0.01 毫伽
观测精度	≤±0.03 毫伽
计数器读数范围	0~3 999.9 格
格值	0.09~0.11 毫伽/格
测程范围	>5 000 毫伽
亮线灵敏度	1.6~2.0 毫伽
混合零点位移	≤±0.1 毫伽/小时
格值线性	≤1/1 000
仪器重量	4.5 千克

2. 金属弹簧重力仪

金属弹簧重力仪主要有德国研制的 GS 型重力仪,型号为 GS-4 至 GS-15;我国常用的有 GS-11,GS-12 和 GS-15 等;其次就是美国研制的 LaCoste & Romberg 重力仪(图 8.10),分为 D 型(勘探型)与 G 型(大地型)两种,前者精度高,观测时间短,观测成果计算简单,后者测程大,适用于全球测量而不需调试测程,它们的主要技术指标见表 8.2。

3. 超导重力仪

超导重力仪主要利用超导电特性,从原理上解决弹性系统重力仪都存在的因弹性疲乏而引起的零飘,它是目前相对重力场观测中精度最高的仪器,观测精度可达 0.1 μGal 或更高。

表 8.2　美国 LaCoste & Romberg 重力仪（D 型和 G 型）的技术指标

技术指标	D 型	G 型
测量范围	2 000 g.u	70 000 g.u
测量精度	0.02 g.u	0.04 g.u
零点漂移	约 5 g.u/月 10 g.u/月	约 5 g.u/月 10 g.u/月
重复性	约 0.05 g.u	约 0.1 g.u
电源	DC12V	DC12V
净重	3.2 kg	3.2 kg

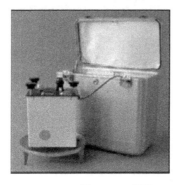

图 8.10　美国 LCR 金属弹簧重力仪

图 8.11　GWR 台站式超导重力仪

GWR 台站式超导重力仪采用液氦冷却，有不同尺寸的杜瓦瓶可供选择，轻便的小型杜瓦瓶可构成便携式台站观测系统，如图 8.11 所示。

用超导重力仪可以高精度地观测出地球上一定点的重力变化，从而为精密研究潮汐、负荷重力、重力极潮等一系列研究工作提供非常宝贵的资料。另外，目前用重力资料研究深内部物理特征也只有超导重力仪的观测资料才可用，因为地球深内部的信号太弱，其他的重力仪由于灵敏度和精度太低观测不到或淹没在仪器噪声之中。

4. 航空重力仪

航空重力仪是安装在飞行器(飞机或直升机)上进行重力测量的仪器(图 8.12)。由于飞机的飞行和动作,使仪器相对地球表面运动,改变了地球自转产生的加速度,对重力测量影响很大,需进行相对速度改正。因此,航空重力仪一般除包括测量重力的重力仪之外,还包括安装重力仪的陀螺平台、测量飞机姿态的高精度的相对定位系统、数据处理系统(含软件)、数据收录系统和导航定位系统等其他设备。

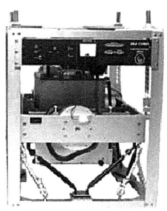

图 8.12　航空重力仪

航空重力仪观测精度低于地面重力仪精度。由于其速度快,可在人们难于工作地区作业而得到重视。

8.5　重力基准

重力基准是指绝对重力值已知的重力点,作为相对重力测量的起始点。各国进行重力测量时都尽量与国际重力基准相联系,以检验其重力测量的精度并保证测量成果的统一。

8.5.1　国际重力基准

1. 世界重力基点

世界重力基点是世界公认的一个重力起始点。历史上先后建立了维也纳系统和波茨坦系统。

维也纳系统(1900 年—IAG):$g=981\ 290\pm10$ mGal;

波茨坦系统(1909 年—IAG,1894—1904 年):$g=981\ 274.20\pm3$ mGal。

从 1898 年至 1904 年德国人 Kuhnen 和 Furtwaglev 在德国波茨坦的大地测量研究所利用物理摆可倒摆做了大约 1 900 次测量,测得波茨坦的重力值为 $9.812\ 74\pm0.000\ 03$ m/s²。1909 年在伦敦举行的国际大地测量协会会议上,决定采用波茨坦的绝对重力值作为重力基准点,通过相对重力测量推算其他重力点值,用这种方法建立起来的重力观测网称为波茨坦系统。直到国际重力标准网 71(IGSN 71)建立前,全世界各国的重力测量结果都在波茨坦系统内。

2. 国际重力基准网

1956 年 IAG 决定建立世界一等重力网（FOWGN）；

1967 年 IAG 决定在波茨坦绝对重力值中加上－14 mGal 作为新的国际重力基准；

1971 年 IUGG 决定采用 IGSN 71 代替波茨坦国际重力基准。随着长度测量和时间测量的精度的提高，到了 20 世纪 60 年代末，利用自由落体测量绝对重力的相对精度已达 $10^{-7} \sim 10^{-8}$ m/s^2，发现波茨坦的重力测量值比其真值大了 0.000 135 m/s^2。因此，自 20 世纪 70 年代起，国际重力基准网逐渐取代了波茨坦系统。

新的波茨坦国际重力基点的值为：$g = 981\ 260.19 \pm 0.017$ mGal。

8.5.2　我国的重力基准

1. 我国重力基准概述

我国的重力基准网是在全国范围内提供各种重力测量的基准和最高一级控制。我国在 50 年代建立了国家 57 重力基准，在 80 年代更新重建了 85 重力基准。

1957 年我国建成了第一个国家重力控制网，称为国家 57 重力基本网（简称 57 网），它的平均联测精度为：$\pm 0.2 \times 10^{-5}$ m/s^2。

到 80 年代初，我国又更新重建了国家 85 重力基本网，相对于 57 网，该网重力精度提高了约 2 个数量级。它由 6 个基准重力点，46 个基本重力点和 5 个引点组成，其平均联测精度较之 57 网提高了一个数量级，达到 $\pm 20 \times 10^{-5}$ m/s^2 的精度。该网改正了波茨坦系统的系统误差，增测了绝对重力基准点，加大了基本点的密度。

1999 年中国又开始了 2000 国家重力基本网（以下简称 2000 网）的设计与施测，该网覆盖了我国的全部领土（除台湾外，包含南海海域和香港、澳门特别行政区）。2000 国家重力基准网于 1999 年至 2002 年完成建设，它由 259 个点组成，其中基准点（绝对重力点）21 个、基本点（相对重力联测点）126 个、基本点引点 112 个。重力系统采用 GRS80 椭球常数及相应重力场。为便于今后联测和作为基本点的备用点，对 106 个基本点每点布设了一个引点。其整体精度为 $\pm 7.4 \times 10^{-8}$ m/s^2，重力基准点的观测精度优于 $\pm 5 \times 10^{-8}$ m/s^2，重力基本点的相对观测精度优于 $\pm 10 \times 10^{-8}$ m/s^2，平差后重力基本网的中误差不大于 $\pm 10 \times 10^{-8}$ m/s^2。

2. 2000 国家重力基准网发展现状

考虑到当时我国交通、仪器设备等实际情况，2000 网重力基准点主要以大城市为主均匀布设，如图 8.13 所示，同时考虑在我国西部部分地区适当加强。基本点主要布设在各个城市机场附近，以便满足联测闭合时间要求。作为国家重力基准的 2000 网的建设，因为受当时仪器数量的限制，总体布设的控制点（特别是重力基准点）较少。在近几年的监测过程中，发现部分国家重力基准点周围环境变化较大，甚至有些点位已经遭到破坏。

国家重力基准被破坏的直接原因主要有以下几点：因为经济建设对土地的需要，改变了原有土地的使用性质，或原有点位地址所属变更，造成点位破坏或环境变化；部分点位所属设施因为年久失修，维护资金困难等具体原因造成点位逐渐丧失作用；外界自然环境变化。地球重力场本身是一个动态变化的信息，经过 10 多年的时间，部分点位重力场信息变化是其客观变化的表现。这种变化本身是正常的。但是，对于作为国家控制的重力基准而言，势必影响到其本身的科学性和准确性。

深层次的原因主要是：施工单位法律意识淡薄，科研、国防意识不强，没有意识到点位的重要性,更没有意识到点位破坏后的严重后果;其次是点位维护不及时。

现有的国家重力基准点对于地壳运动监测来说肯定不是很精密;对于地震监测和研究、大地水准面精化还需在现有基础上建立新的控制点位或局部系统;对于跨河水准的高程传递则应完全布设新的、局部的控制点位才能满足对于局部重力水准面计算的需要。

因此,随着时间的推移,点位破坏、重力信息变化对国家重力基准的现势性和应发挥的作用都有一定的影响,对于一些基础研究和实际工程的现势性需要还有相当程度的不适应性。

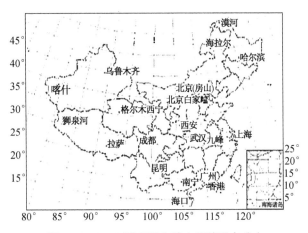

图 8.13　2000 国家重力基本网基准点分布

第 9 章　位理论基础

重力测量学的研究对象为重力与重力场,研究重力与重力场的基础是位理论及其有关的定理和定律。位理论的研究可以归结为两个问题,一个问题是给定空间物质的密度分布,求该物质分布的引力场,该问题由牛顿提出并解决了,也就是著名的万有引力公式;另一个问题就是给定一个空间以及其界面,假定已经通过测量获得了界面上有关引力的信息,欲确定该空间内部的引力。第二个问题就是重力场研究中的边值问题,是重力学理论研究的核心内容。

本章将先介绍场与引力场,而引力场离不开引力位的基本知识。了解了引力位的基本知识后,进而介绍典型形体的引力和引力位以及引力位的基本性质。我们知道从物理概念上来讲,重力是万有引力和离心力的合力,在本章第四节将介绍离心力位和重力位。最后,重点介绍位理论边值问题。

9.1　引力及引力位

自然界的四大基本相互作用力分别为:引力相互作用、电磁相互作用、弱相互作用和强相互作用。引力是其中最弱的一种,也是自然界中最普遍的力。

9.1.1　场与引力场

1. 场

在汉字或文学方面与"场"有关的有:会场、操场、市场、剧场、广场、机场、官场、名利场等等;涉及物理学方面的有:电场、磁场、力场、引力场、重力场等。

场是物质存在的一种基本形式,具有非定域的、弥漫在空间的特殊物质形态。无论是从微观粒子到宏观物体、宇宙,还是各种形式的场都具有物质性,都是客观存在的。场和实物一样,具有质量、能量、动量和角动量,并遵守质量守恒定律、能量守恒定律和动量守恒定律。但实物是由基本微观粒子、原子、分子组成的,具有静止的质量;而场是由没有静止质量的场量子、虚粒子组成的,不具有静止的质量,也不位于任何一个特定的位置。实物之间的相互作用总是通过场来传递的,实物和场是可以相互作用、相互转化的。实物与场的共性与特性如表 9.1 所示。

表 9.1　实物与场的共性与特性

	共性	特性	相互关系
实物	都具有动量和能量	具有静止的质量,占有一定的空间	可以相互作用、相互转化
场		不具有静止的质量,也不位于一个特定的位置,但它分布在一定范围的空间	

场还是一个以时空为变量的物理量,可分为标量场、矢量场和张量场三种,是依据场在时空中每一点的值是标量、矢量还是张量而定的。

2. 引力场

牛顿在 1687 年出版的《自然哲学的数学原理》一书中首先提出了万有引力定律:每一个物体都吸引着其他每一个物体,而两个物体间的引力大小,正比于它们的质量,会随着两物体中心连线距离的平方而递减。因为质量产生引力场,所以称引力场的场源为质量。

引力场是在任何具有质量的物质的周围空间中存在的一种无形的物质。引力场的特性是对处于引力场空间中的任何具有质量的物质施加力的作用。物体自由下落、水准面的形状、垂线的方向,卫星围绕地球的运动以及日月对地球的潮汐作用,都和引力场有密切关系。引入方向余弦,根据引力在三个坐标轴上的分量,可以求得引力在任意方向上的分量 F_l。

9.1.2　引力与引力位

1. 引力

引力示意图如图 9.1 所示。

引力公式为:

$$\vec{F} = -f\frac{mm'}{r^3}\vec{r} \qquad (9.1)$$

当 $m' = 1$ 时,质点的引力公式为:

$$\vec{F} = -f\frac{m}{r^3}\vec{r} \qquad (9.2)$$

引入方向余弦,根据引力在三个坐标轴上的分量,可以求得引力在任意方向上的分量 F_l:

$$F_l = F_x\cos(l,x) + F_y\cos(l,y) + F_z\cos(l,z) \qquad (9.3)$$

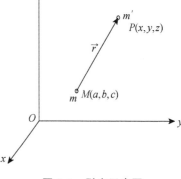

图 9.1　引力示意图

2. 引力位

引入位函数概念,设有一个标量函数,它对被吸引点各坐标轴的偏导数等于力在相应坐标轴上的分量,这样的函数称为位函数。

对于上式来说,则有引力位函数,简称引力位。

$$
\left.
\begin{aligned}
V &= f\frac{m}{r}\\
\frac{\partial V}{\partial x} &= -f\frac{m}{r^3}(x-a) = F_x\\
\frac{\partial V}{\partial y} &= -f\frac{m}{r^3}(y-a) = F_y\\
\frac{\partial V}{\partial z} &= -f\frac{m}{r^3}(z-a) = F_z
\end{aligned}
\right\} \quad \text{即}: \vec{F} = \text{grad}V \qquad (9.4)
$$

$$\vec{F} = \frac{\partial V}{\partial x}\vec{i} + \frac{\partial V}{\partial y}\vec{j} + \frac{\partial V}{\partial z}\vec{k} = \text{grad}V \qquad (9.5)$$

将位函数的定义推广:

$$F_l = \frac{\partial V}{\partial x} \cos(l,x) + \frac{\partial V}{\partial y} \cos(l,y) + \frac{\partial V}{\partial z} \cos(l,z) = \frac{\partial V}{\partial l} \qquad (9.6)$$

引力位的物理意义:是质点在某一位置时对无穷远处的引力位能的负值。

设单位质点 P 沿 r 移动 dr,则引力所做的功为:

$$dA = -\frac{fm}{r^2} dr \qquad (9.7)$$

如果质点 P 沿 r 移动 d,则所做的功为:

$$A = -\int_r^{r_1} \frac{fm}{r^2} dr = \frac{fm}{r_1} - \frac{fm}{r} \qquad (9.8)$$

$$E_r = A = \frac{fm}{r_1} - \frac{fm}{r} \qquad (9.9)$$

如果取无穷远处为任意选定的零位置,则

$$E_r = -\frac{fm}{r} = -V \qquad (9.10)$$

质点系引力位:

$$V = f \sum_{i=1}^n \frac{m_i}{r_i} = f \sum_{i=1}^n \frac{m_i}{\left[(x-a_i)^2 + (y-b_i)^2 + (z-c_i)^2\right]^{\frac{1}{2}}} \qquad (9.11)$$

质面引力位:

$$V = f \int_\sigma \frac{\mu}{r} d\sigma = f \int_\sigma \frac{m_i}{\left[(x-a)^2 + (y-b)^2 + (z-c)^2\right]^{\frac{1}{2}}} d\sigma \qquad (9.12)$$

质体引力位:

$$V = f \int_\tau \frac{\delta}{r} d\tau = f \int_\tau \frac{m_i}{\left[(x-a)^2 + (y-b)^2 + (z-c)^2\right]^{\frac{1}{2}}} d\tau \qquad (9.13)$$

9.2 典型形体的引力及引力位

上节介绍了引力及引力位的一般概念以及三种形式的引力位,而本节就列举几种简单形体的单层和质体的引力位及引力示例,以此说明其计算方法。

9.2.1 均质球面的引力位和引力

设有一半径为 R 的均质球面,面密度 μ 为常数(图 9.2)。它在外部的引力位叫外部位,用 V_e 表示;在内部的引力位叫内部位,用 V_i 表

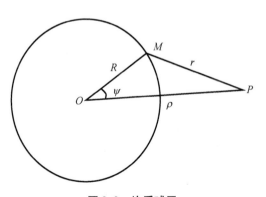

图 9.2 均质球层

示。在外部和内部的引力分别用 F_e 和 F_i 表示。

1. 外部引力位

$$V_e = f \int \frac{\mathrm{d}m}{r} = \cdots = 2\pi f\mu \int_{\rho-R}^{\rho+R} \frac{R}{\rho}\mathrm{d}r = 4\pi f\mu \frac{R^2}{\rho} \tag{9.14}$$

2. 内部引力位

$$V_i = 2\pi f\mu \int_{R-\rho}^{R+\rho} \frac{R}{\rho}\mathrm{d}r = 4\pi f\mu R \tag{9.15}$$

因为球面的质量为 $M = 4\pi\mu R^2$，于是有： $\tag{9.16}$

$$V_e = f\frac{M}{\rho} \qquad V_i = f\frac{M}{R} \tag{9.17}$$

3. 引力

由于对称性，均质球面的引力一定在 P 的方向上，因此在外部和内部的引力分别是：

$$F_e = \frac{\partial V_e}{\partial \rho} = -f\frac{M}{\rho^2} \qquad F_i = \frac{\partial V_i}{\partial \rho} = 0 \tag{9.18}$$

由上面的分析可知：均质球面的引力位是连续的，引力在经过球面时不连续。均质球面在外部的引力位及引力相当于其质量集中在球心处的质点的引力位及引力，在内部的引力位是常数，引力是零。

9.2.2　均质球体的引力位和引力

设球的半径为 R，体密度 δ 为常数，为了计算引力位，我们将它分成许多同心球层，每一层的厚度都很小，可当做质面对待，面密度 μ 与体密度 δ 之间的关系为：

$$\mu = \delta\mathrm{d}R' \tag{9.19}$$

即均质球体的引力位就是所有球层的引力位之和。

1. 外部引力位及引力

对位于球体外部的 P 点来说，相对于所有的球层都是外部点（图 9.3）。

$$V_e = 4\pi f\delta \int_0^R \frac{R'}{\rho}\mathrm{d}R' = \frac{4}{3}\pi f\delta \frac{R^3}{\rho} \tag{9.20}$$

由于均质球体的质量为：

$$M = \frac{4}{3}\pi\delta R^3 \Rightarrow V_e = f\frac{M}{\rho} \tag{9.21}$$

即引力位：

$$F_e = \frac{\partial V_e}{\partial \rho} = -f\frac{M}{\rho^2} \tag{9.22}$$

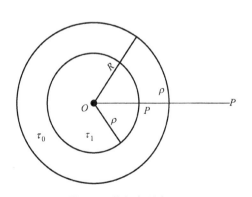

图 9.3　外部点引力

2. 内部引力位及引力

对于均质球体内部的 P 点来说,以 ρ 为半径作一球面,该球面将均质球体分为两部分,一部分是分别以 ρ、R 为内、外半径的球壳,记为 τ_0,另一部分是以 ρ 为半径的球体,以 τ_1 表示。显然,P 点的引力位为 τ_0 和 τ_1 的引力位 V_0 和 V_1 之和,即

$$V_i = V_0 + V_1 \tag{9.23}$$

对均质球壳 τ_0 来说,P 相对于所有的球层都是内部点,所以

$$V_0 = 4\pi f \delta \int_\rho^R R' \mathrm{d}R' = 2\pi f \delta (R^2 - \rho^2) \tag{9.24}$$

均质球体 τ_1 在 P 点的引力位为:

$$V_1 = \frac{4}{3} \pi f \delta \rho^2 \tag{9.25}$$

将 V_0 和 V_1 代入得:

$$V_i = \frac{2}{3} \pi f \delta (3R^2 - \rho^2) \tag{9.26}$$

利用前面所述的对称性知,均质球体在内部的引力为:

$$F_i = \frac{\partial V_i}{\partial \rho} = -\frac{4}{3} f \pi \delta \rho = -f \frac{M'}{\rho^2} \tag{9.27}$$

9.2.3 均质圆平面的引力位和引力

有一均质圆平面 δ,它的半径为 a,面密度 μ 为常数。建立柱坐标 z、ρ、α,计算该均质圆平面在轴线上的引力位和引力。

该圆平面对称轴上 P 点处的引力位,由定义可知:

$$V = f \int_\delta \frac{\mu}{r} \mathrm{d}\delta = f\mu \int_\delta \frac{1}{r} \mathrm{d}\delta \tag{9.28}$$

其中,$\mathrm{d}\delta$ 为圆平面上 M 处的面元,r 为 M 和 P 之间的距离。在柱坐标中 $\mathrm{d}\delta = \rho \mathrm{d}\rho \mathrm{d}\alpha$,所以

$$V = f\mu \int_0^{2\pi} \mathrm{d}\alpha \int_0^a \frac{\rho}{r} \mathrm{d}\rho = 2\pi f\mu \int_0^a \frac{\rho}{r} \mathrm{d}\rho \tag{9.29}$$

由图 9.4 可知:

$$r = (\rho^2 + z^2)^{\frac{1}{2}} \tag{9.30}$$

$$V = f\pi\mu \int_0^{a^2} \frac{\mathrm{d}\rho^2}{(\rho^2 + z^2)^{\frac{1}{2}}} \tag{9.31}$$

$$= 2f\pi\mu \left[(\rho^2 + z^2)^{\frac{1}{2}} \right]_0^a$$

$$= 2f\pi\mu \left[(a^2 + z^2)^{\frac{1}{2}} - |z| \right]$$

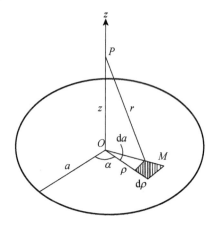

图 9.4 柱坐标示意图

当 P 点位于圆平面上方时，$z > 0$，此时用 V_+ 表示 V，则

$$V_+ = 2f\pi\mu\left[(a^2 + z^2)^{\frac{1}{2}} - z\right] \tag{9.32}$$

当 P 点位于圆平面下方时，$z < 0$，此时用 V_- 表示 V，则

$$V_- = 2f\pi\mu\left[(a^2 + z^2)^{\frac{1}{2}} + z\right] \tag{9.33}$$

显然，$\lim\limits_{z \to 0} V_+ = \lim\limits_{z \to 0} V_-$，即均质圆平面在其对称轴上的引力位是连续的。由对称性知，引力必然是沿 z 轴的，规定其正方向为 z 轴的方向，则

$$F_+ = \frac{\partial V_+}{\partial z} = 2f\pi\mu\left[\frac{z}{(a^2 + z^2)^{\frac{1}{2}}} - 1\right] \tag{9.34}$$

$$F_- = \frac{\partial V_-}{\partial z} = 2f\pi\mu\left[\frac{z}{(a^2 + z^2)^{\frac{1}{2}}} + 1\right]$$

由于圆平面对称于中心 O，所以该点的引力必然等于零，即

$$F_0 = 0 \quad \lim F_+ = -2\pi f\mu \quad \lim F_- = 2\pi f\mu \tag{9.35}$$

由上面的分析可知：均质圆平面对称轴上的引力穿过圆平面时不连续，两侧引力的极限值大小相等方向相反，均指向圆平面，跳跃值为 $4\pi f\mu$。

9.2.4 均质圆柱体的引力位和引力

设圆柱体其半径为 a，高为 h，体密度 δ 是常数。

1. 外部引力位

首先设 P 点位于圆柱体上方，其坐标 $z > 0$，则

$$V_e = 2f\pi\delta\int_z^{z+h}\left[(\rho^2 + z'^2)^{\frac{1}{2}} - z'\right]\mathrm{d}z'$$

$$= 2f\pi\delta\left\{\int_z^{z+h}(\rho^2 + z'^2)^{\frac{1}{2}}\mathrm{d}z' - \frac{1}{2}\left[(z+h)^2 - z^2\right]\right\} \tag{9.36}$$

求定积分，得：

$$V_e = f\pi\delta\Big\{(z+h)\left[a^2 + (z+h)^2\right]^{\frac{1}{2}} - (z+h) - z(a^2 + z^2)^{\frac{1}{2}} - z\Big\} + a^2\ln\frac{(z+h) + \left[a^2 + (z+h)^2\right]^{\frac{1}{2}}}{z + (a^2 + z^2)^{\frac{1}{2}}} \tag{9.37}$$

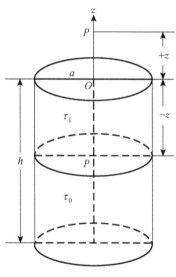

图 9.5 内外引力位

2. 外部引力

引力在沿 z 轴的方向上，规定 z 轴为其正方向（图 9.5），则可求得

$$F_e = \frac{\partial V_e}{\partial Z} = -2f\pi\delta\left\{(a^2 + z^2)^{\frac{1}{2}} + h - \left[a^2 + (z+h)^2\right]^{\frac{1}{2}}\right\} \tag{9.38}$$

3. 内部引力位

设 P 点位于圆柱体内部，其坐标 $z < 0$，为了利用上述外部位的结论，这里采用过点 P

且平行于上下底面的平面将圆柱体分为上下两部分,下面一部分用 τ_0 表示,上面一部分用 τ_1 表示,均质圆柱体在 P 点的引力位就是 τ_0 和 τ_1 在 P 点引力位之和,即:

$$V_i = V_0 + V_1 \tag{9.39}$$

分别求得两部分的引力位,然后相加,可得:

$$V_e = f\pi\delta\{(z+h)[a^2+(z+h)^2]^{\frac{1}{2}}-(z+h)-a^2[(a^2+z^2)^{\frac{1}{2}}+z]\}+ \tag{9.40}$$
$$a^2\ln\{[a^2+(z+h)^2]^{\frac{1}{2}}[-z+(a^2+z^2)^{\frac{1}{2}}]\}$$

4. 内部引力

$$F_i = -2f\pi\delta\{(a^2+z^2)^{\frac{1}{2}}+(h-2z)-[a^2+(z+h)^2]^{\frac{1}{2}}\} \tag{9.41}$$

分别从外面和里面沿对称轴趋于圆柱体的顶面时,有:

$$\lim_{z\to 0}V_e = \lim_{z\to 0}V_i = f\pi\delta[h(a^2+h^2)^{\frac{1}{2}}-h)+a^2\ln\frac{h+(a^2+h^2)^{\frac{1}{2}}}{a}]$$
$$\lim_{z\to 0}F_e = \lim_{z\to 0}F_i = -2f\pi\delta[a+h-(a^2+h^2)^{\frac{1}{2}}] \tag{9.42}$$

由上面的分析可知:均质圆柱体的引力位和引力在对称轴上是连续的。

9.3　引力位的基本性质

关于引力位的性质,本节将其归纳为如下五点:

9.3.1　引力位是无穷远处的正则函数

引力位是一个在无穷远处的正则函数,它满足下列条件:

$$\lim_{\rho\to\infty}V = 0$$
$$\lim_{\rho\to\infty}\rho\frac{\partial V}{\partial\rho} = 0$$
$$\lim_{\rho\to\infty}\rho V = fM \tag{9.43}$$
$$\lim_{\rho\to\infty}\left|\rho^2\frac{\partial V}{\partial\rho}\right| = fM$$

实际上我们只要证明上式中后两个方程成立,前两个方程也就自然成立,因此引力位在无穷远处是正则函数的条件,只需满足后两个方程。

如图 9.6 所示,P 点的引力位可以写成:

$$V = f\int_\tau \frac{\delta\mathrm{d}\tau}{r} \tag{9.44}$$

上式两端乘以 ρ,得:

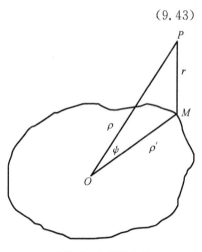

图 9.6　P 点引力位

$$\rho V = f\int_{\tau} \frac{\delta \rho}{r} \mathrm{d}\tau \tag{9.45}$$

当 ρ 趋向于 ∞ 时,由图 9.6 可以看出 $\lim_{\rho\to\infty} \frac{\rho}{r} = 1$,因此

$$\lim_{\rho\to\infty} \rho V = fM \tag{9.46}$$

从图 9.6 中还可以看出:

$$r^2 = \rho^2 + \rho'^2 - 2\rho\rho'\cos\psi \tag{9.47}$$

其中 ρ' 是 OM 的距离,因此

$$\frac{\partial r}{\partial \rho} = \frac{\rho - \rho'\cos\psi}{r} \tag{9.48}$$

$$\frac{\partial \frac{1}{r}}{\partial \rho} = -\frac{\rho - \rho'\cos\psi}{r^3} \tag{9.49}$$

所以

$$\frac{\partial V}{\partial \rho} = f\int_{\tau}\delta \frac{\partial\left(\frac{1}{r}\right)}{\partial \rho}\mathrm{d}\tau \tag{9.50}$$

$$= -f\int_{\tau}\frac{\rho\delta\mathrm{d}\tau}{r^3} + f\int_{\tau}\frac{\delta\rho'\cos\psi\mathrm{d}\tau}{r^3}$$

两边同乘以 ρ^2,得:

$$\rho^2\frac{\partial V}{\partial \rho} = -f\int_{\tau}\frac{\rho^3}{r^3}\delta\mathrm{d}\tau + f\int_{\tau}\frac{\delta\rho'\rho^2\cos\psi\mathrm{d}\tau}{r^3} \tag{9.51}$$

因为 ρ' 是一个有限值,因此

$$\lim_{\rho\to\infty}\frac{\rho^3}{r^3} = 1 \qquad \lim_{\rho\to\infty}\frac{\rho^2\rho'}{r^3} = 0 \tag{9.52}$$

所以

$$\lim_{\rho\to\infty}\left(\rho^2\frac{\partial V}{\partial \rho}\right) = -fM \tag{9.53}$$

或

$$\lim_{\rho\to\infty}\left|\rho^2\frac{\partial V}{\partial \rho}\right| = fM \tag{9.54}$$

凡是满足(9.46)式和(9.54)式的函数称为在无穷远处的正则函数。由于质体对外部一点的引力位满足这些条件,因此它在无穷远处是一个正则函数。

9.3.2　质面引力位的连续性及其一阶导数的不连续性

质面的引力位是处处有界和连续的,其一阶导数在经过质面时不连续,例如上一节中圆形平面层引力位的一阶导数存在着两个不同的极限值和一个临界值。现在就一般情况来讨

论单层位的性质。

假设在单层的外部有一点 P，在其内部有一点 P'，当 P 和 P' 分别从外部和内部趋近于层面上 P_0 点时，单层位的一阶导数有两个极限值。这两个极限值分别称为它的外部导数和内部导数，并且这两个导数极限值也是不相同的。

单层位的一阶导数，除了以上两个极限值以外，还有一个临界值。由普列梅利公式可知：单层位一阶导数临界值等于两个极限值的平均值。

因此，单层位的引力位是处处有界和连续的，其一阶导数在经过质面时不连续。

9.3.3 质体引力位及一阶导数是处处连续的

质体的引力位和引力是处处有界和连续的。例如对于球体的引力位：

$$V_e = \frac{4}{3}\pi f \delta \frac{R^3}{\rho} \qquad V_i = \frac{2}{3}\pi f \delta (3R^2 - \rho^2) \tag{9.55}$$

当在球面上时，$\rho = R$，则

$$V_e = V_i = \frac{4}{3}\pi f \delta R^2 \tag{9.56}$$

对于球体的引力：

$$F_e = -\frac{4}{3}\pi f \delta \frac{R^3}{\rho^2}$$

$$F_i = -\frac{4}{3}\pi f \delta \rho \tag{9.57}$$

当在球面上时，$\rho = R$，则

$$F = F_e = F_i = -\frac{4}{3}\pi f \delta R \tag{9.58}$$

9.3.4 引力位在吸引质体外部满足拉普拉斯方程

质体引力位的一般形式为：

$$V = f \int_\tau \frac{\mathrm{d}m}{r} \tag{9.59}$$

现在求它对各坐标轴的二阶导数，得：

$$\frac{\partial^2 V}{\partial x^2} = f \int_\tau \delta \frac{\partial^2}{\partial x^2}\left(\frac{1}{r}\right)\mathrm{d}\tau = -f \int_\tau \delta \left[\frac{1}{r^3} - 3\frac{(x-a)^2}{r^5}\right]\mathrm{d}\tau$$

$$\frac{\partial^2 V}{\partial y^2} = f \int_\tau \delta \frac{\partial^2}{\partial y^2}\left(\frac{1}{r}\right)\mathrm{d}\tau = -f \int_\tau \delta \left[\frac{1}{r^3} - 3\frac{(x-b)^2}{r^5}\right]\mathrm{d}\tau \tag{9.60}$$

$$\frac{\partial^2 V}{\partial z^2} = f \int_\tau \delta \frac{\partial^2}{\partial z^2}\left(\frac{1}{r}\right)\mathrm{d}\tau = -f \int_\tau \delta \left[\frac{1}{r^3} - 3\frac{(x-c)^2}{r^5}\right]\mathrm{d}\tau$$

在质体外部，上列三式中的积分核都是有限的，所以积分都有意义，将它们相加便得：

$$\Delta V = \frac{\partial^2 V}{\partial x^2} + \frac{\partial^2 V}{\partial y^2} + \frac{\partial^2 V}{\partial z^2} = 0 \tag{9.61}$$

(9.61)式叫做拉普拉斯方程。其中 $\Delta V = \frac{\partial^2 V}{\partial x^2} + \frac{\partial^2 V}{\partial y^2} + \frac{\partial^2 V}{\partial z^2}$ 称为拉普拉斯算子。凡是满足拉普拉斯方程的函数叫做调和函数,因此质体外部引力位是一个调和函数。

9.3.5 质体引力位在质体内部满足泊松方程

由离心力位的定义可以求得:

$$\Delta Q = \frac{\partial^2 Q}{\partial x^2} + \frac{\partial^2 Q}{\partial y^2} + \frac{\partial^2 Q}{\partial z^2} = 2\omega^2 \tag{9.62}$$

这个方程叫做泊松方程。

可见重力位在地球外部满足

$$\Delta W = \Delta V + \Delta Q = 2\omega^2 \tag{9.63}$$

说明地球重力位在外部满足泊松方程。

由质体内部引力位,得:

$$\Delta V = \Delta V_0 + \Delta V_1 = -4\pi f\delta \tag{9.64}$$

显然,重力位在地球内部满足

$$\Delta W = \Delta V + \Delta Q = -4\pi f\delta + 2\omega^2 \tag{9.65}$$

9.4 离心力位和重力位

作为位理论基础里面的重要概念,离心力位和重力位是学习天文与重力测量必须要了解的。离心力和重力对于我们来说都不陌生,在高中物理学中就有所接触,而离心力位和重力位这两个新的概念与我们所知道的离心力和重力之间的关联,会在本节中找到答案。

9.4.1 离心力及离心力位

地球除了有引力外,又因为它是一个绕其极轴旋转的质体,因此对其表面一点 A 还产生离心力(惯性离心力)。

从物理学中可知:离心力的方向垂直于旋转轴向外。如果 Z 轴是地球的旋转轴,那么作用在单位质点 A 上的离心力为:

$$P = \omega^2 \rho \sin\theta = \omega^2 \sqrt{x^2 + y^2} \tag{9.66}$$

其中,ω 为地球的旋转角速度,ρ 为单位质点 A 到坐标原点的距离,θ 为极距,$\rho\sin\theta$ 为单位质点到旋转轴的垂直距离。

离心力 P 在三个坐标轴上的分力为：

$$P_x = |P| \cos(\bar{P}, X) = \omega^2 x$$
$$P_y = |P| \cos(\bar{P}, Y) = \omega^2 y \qquad (9.67)$$
$$P_z = |P| \cos(\bar{P}, Z) = 0$$

设有一函数：

$$Q = \frac{\omega^2}{2} \rho^2 \sin \theta = \frac{\omega}{2}(x^2 + y^2) \qquad (9.68)$$

将函数 Q 对三个坐标轴求偏导数，得：

$$\frac{\partial Q}{\partial x} = \omega^2 x = P_x$$
$$\frac{\partial Q}{\partial y} = \omega^2 y = P_y \qquad (9.69)$$
$$\frac{\partial Q}{\partial z} = 0 = P_z$$

Q 就称为离心力位函数，或离心力位。

由(9.66)式可以看出，在旋转轴上（$\rho \sin \theta = 0$）离心力为零，离开旋转轴越远，离心力便越大。因此，越接近赤道离心力越大，越接近极点离心力越小。

将(9.69)式再对各坐标轴求一次导数，得：

$$\frac{\partial^2 Q}{\partial x^2} = \frac{\partial^2 Q}{\partial y^2} = \omega^2 \qquad (9.70)$$
$$\frac{\partial^2 Q}{\partial z^2} = 0$$

将上面三个偏导数相加，得：

$$\Delta Q = \frac{\partial^2 Q}{\partial x^2} + \frac{\partial^2 Q}{\partial y^2} + \frac{\partial^2 Q}{\partial z^2} = 2\omega^2 \qquad (9.71)$$

离心力位的二阶导数之和是一个常数，因此它不是调和函数。

9.4.2 重力位

我们都知道地球上一点的重力是地球质量对该点的引力和因地球自转而产生的离心力的合力，那么由力位和力的关系便知道，重力位 W 就是两个力分别对应的引力位 V 和离心力位 Q 之和，即

$$W = V + Q \qquad (9.72)$$

重力位函数 W 是：

$$W = G \int \frac{\mathrm{d}m}{\rho} + \frac{1}{2}\omega^2(x^2 + y^2) \qquad (9.73)$$

引力位 V 是：

$$V = G\int \frac{\mathrm{d}m}{\rho} \tag{9.74}$$

离心力位 Q 是：

$$Q = \frac{1}{2}\omega^2(x^2 + y^2) \tag{9.75}$$

其中，G 表示万有引力常数，数值近似为 $6.672 \times 10^{-11}\,\mathrm{m}^3/(\mathrm{kg} \cdot \mathrm{s}^2)$，$\mathrm{d}m$ 为地球内部的质量元，ρ 为重力位点与 $\mathrm{d}m$ 处的距离，ω 为地球自转角速度。

重力位对任意方向 s 的导数等于在这个方向上的分力，即

$$\frac{\partial W}{\partial s} = g_s = g\cos(g,s) \tag{9.76}$$

当 g 和 s 互相垂直时，$\mathrm{d}W = 0$，则 W 就是常数。W 可以等于不同的常数，对于整个地球来说就可以得到一簇曲面，称为重力等位面，也就是我们通常说的水准面。如果海洋面是完全静止的，那么海洋面就是一个重力等位面，称为大地水准面。

当 g 与 s 之间的夹角等于 0 时，则

$$\mathrm{d}W = \mathrm{d}l \cdot g \tag{9.77}$$

从上式中可以看出 $\mathrm{d}l$ 的变化量与 $\mathrm{d}W$ 的变化量不等，说明水准面之间既不平行，也不相交和相切。

9.5　位理论边值问题

9.5.1　边值问题的引入

地球外部重力场的性质完全由重力位 W 所决定，所以求得重力位是至关重要的。

$$W = f\int_{\tau} \frac{\delta}{r}\mathrm{d}\tau + \frac{1}{2}\omega^2(x^2 + y^2) \tag{9.78}$$

其中，τ 是指整个地球所占空间，δ 为地球的密度函数，r 为体积元 $\mathrm{d}\tau$ 到 P 点的距离，ω 为地球的自转角速率。

研究大地水准面的形状是大地测量的重要任务之一。在 19 世纪之前，由于大地测量的精度不高，同时测量区域也不大，就没有专门地去研究地球的重力场，还把大地水准面当作是一个旋转椭球体，之后随着大地测量精度的不断提高，越来越清晰地表明，大地水准面并不是一个旋转椭球体，而是一个较复杂的曲面。

为此要研究大地水准面的形状，除了要研究与大地水准面非常接近的一个平均椭球体以外，还要研究大地水准面相对于椭球体的起伏以及两者法线间的偏差。解决此问题的方法，主要是以地球（准确地说是大地水准面内的质量）所产生的重力位与椭球体所产生的正常位之差（称为扰动位）为根据去推求大地水准面相对于椭球体的起伏和倾斜。扰动位是根据边值问题解算出来的，这就是所谓的斯托克司问题。

9.5.2　位理论边值问题的定义

位理论边值问题就是根据某一空间边界上的给定条件求出该空间中拉普拉斯方程的解。位理论的边值问题可分为内部和外部两种。当空间被包含在边界内部时叫内部边值问题,当空间位于边界外部时叫外部边值问题。对于地球来说,就是根据给定地球表面上的已知数据和一定的条件,求出地球外部的引力位。

9.5.3　位理论边值问题的分类

在地球形状和外部重力场理论中,我们求解的是地球外部的重力场,所以,对我们有用的是外部边值问题。对地球而言,就是根据给定地球表面上的已知数据和一定的条件求地球外部的引力位。下面我们提出外部边值问题的三种形式。

根据给定的边值条件不同,有不同的边值问题。

1. 第一边值问题

求解在边界外部调和,在无穷远处正则的函数 V 使其在边界上满足边界条件 $V=f$,其中 f 为已知函数。该问题也叫狭义利赫外部问题。

2. 第二边值问题

求解在边界外部调和,在无穷远处正则的函数 V,使其在边界上满足边界条件

$$\frac{\partial V}{\partial n} = f \tag{9.79}$$

其中 n 为边界的外法线方向。该问题也叫牛曼外部问题。

3. 第三边值问题

求解在边界外部调和,在无穷远处正则的函数 V,使其在边界上满足边界条件

$$\alpha V + \beta \frac{\partial V}{\partial n} = f \tag{9.80}$$

其中,α 和 β 是常系数,f 为已知函数。这样的边值问题也叫混合边值问题。由上式可以看出:当 $\alpha=0$ 时,第三边值问题即为第二边值问题;当 $\beta=0$ 时,第三边值问题即为第一边值问题。在地球形状理论中常用到的是第三边值问题。

位理论边值问题,通常可以用格林方法来解算,也可以用球函数或积分方程来解算。此部分可参阅其他专著,此处不再具体介绍。

第 10 章 正常重力场

人们居住的地球,其表面形状十分复杂,地壳内的物质密度分布又很不均匀,正因如此,使得地球重力场不是一个按简单规律变化的力场,要准确地计算地球的引力也是不可能的,因此需要引入一个近似公式来表达地球重力。本章将首先介绍正常重力场的概念,在此基础上引出地球重力位的球函数展开式以及确定正常重力场的两种重要方法,之后给出正常重力计算公式和正常重力场的性质,为后续学习扰动位及扰动重力场打下必要的基础。

10.1 正常重力场的概念

地球重力场包括正常重力场和扰动重力场。若把地球的内部物质分布和表面形状理想化,即假设地球是一个两极压扁的旋转椭球体(即参考椭球体),且表面光滑、内部物质密度呈层状均匀分布,地球的质量和自转角速度也保持不变,如此则有望得到一个近似的重力计算公式,即参考椭球面(大地水准面)上正常重力公式。

10.1.1 正常重力场

由于地球的真实形状及内部物质分布结构均是未知的,致使地球重力场中的许多问题不能直接研究出,如计算重力位、求定大地水准面形状等,而大地测量或地球物理学科要解决的恰恰是它的反问题,即要通过重力位或大地水准面去确定地球形状或地球内部物质分布等问题。

通常的做法是引进一个函数关系简单,而又非常接近地球重力场的辅助重力位,称为正常重力位。它是由人为选择的一个形状规则、密度已知的自转质体作为实际地球的近似而产生的重力位,这个质体称为正常地球。

选择正常地球应满足如下要求:(1)它的形状及质量参数是已知的,其外部的重力位和重力值要尽量与实际地球外部的重力位和重力值接近;(2)其表面应是一个正常的重力位水准面。

正常地球产生的重力场就称为正常重力场。相应的其引力位、引力和重力位、重力分别称为正常引力位、正常引力和正常重力位、正常重力。正常重力场的等位面称为正常水准面。

10.1.2 确定正常重力场的方法

由第九章的公式引导,可以得到地球重力位的表示式如下:

$$W = V + Q = f \int_{\tau} \frac{\delta d\tau}{r} + \frac{\omega^2}{2}(x^2 + y^2) \tag{10.1}$$

由上式可以看出,要精确地求出重力位,则必须已知地球表面的形状和地球内部的密度分布(即 δ 的分布,它是 a、b、c 的函数),才能计算上式右边的第一项积分值。而事实上地球表面的形状是我们要研究的,同时地球内部的密度分布又是极其不规则的,在目前也是无法知道的。这样就不能直接根据(10.1)式精确地求得地球的重力位,为此需要引进一个近似的地球重力位(正常重力位)。

所谓正常重力位,是一个函数关系简单,而又非常接近地球重力位的辅助重力位,它是一个人为的质体所产生的重力位。为了区别起见,我们把这种重力位称为正常重力位。

有了正常重力位,把它当作已知值,然后想办法求出地球重力位和正常重力位的差异,再以此为根据,求出大地水准面与这已知形状的差异,最后求得地球重力位和地球形状。

确定正常重力位的方法有很多,现在主要采用下列两种方法。

1. 拉普拉斯方法

拉普拉斯方法其实质就是级数展开法,即将地球的重力位 W 展开成球函数级数的形式,然后在级数中取其前几项,使其变成简单的函数式,把这样的近似重力位当作是正常重力位,取多少项应视精度而定。

$$W = (x^2 + y^2) \sum_{n=0}^{\infty} \frac{1}{r^{n+1}} \Big[A_n P_n(\cos\theta) + \sum_{m=1}^{n} (A_n^m \cos m\lambda +$$

$$B_n^m \sin m\lambda) P_n^m(\cos\theta) \Big] + \frac{\omega^2}{2} r^2 \sin^2\theta \tag{10.2}$$

令正常重力位等于不同的常数可求得一簇正常重力位水准面。我们选择其中的一个,若假设它是产生正常重力位的质体的表面,则正常重力场就可理解为该质体产生的重力场,这样,正常重力位就是人为选定的。正常重力即为正常重力位的梯度,这种方法叫做拉普拉斯方法。

2. 斯托克司方法

斯托克司方法其实质就是经验公式法,即选择一个形状和大小已知的质体(如旋转椭球体),该质体以已知的角速度自转,其表面为重力位水准面,并且已知这个质体的质量或其表面的重力位,则根据斯托克司定理或位理论第一边值问题解的唯一性知,该质体在外部的重力位和重力是唯一确定的,我们就把它当作正常重力位和正常重力,其正常重力场也就是这个质体产生的重力场,这种方法叫做斯托克司方法。顾及扁率平方级的正常重力公式如下:

$$\gamma_0 = \gamma_e(1 + \beta \sin^2 B - \beta_1 \sin^2 2B) \tag{10.3}$$

其中

$$\beta_1 = \frac{1}{8}\alpha^2 + \frac{1}{4}\alpha\beta \tag{10.4}$$

3. 两者比较

由拉普拉斯方法确定的正常重力场,可任意地接近实际地球的重力场,但正常重力位水准面的形状很复杂,不适用于大地测量中的各种归算。

用斯托克司方法确定正常重力场,假设产生正常重力位的质体为旋转椭球体,则在大地测量中适宜归算,缺点是近似程度受限制。

在大地测量中,我们总是选择旋转椭球面作为归算面,所以用斯托克司方法确定正常重力场,把产生正常重力场的质体规定为一个旋转椭球体。

当然除了这两种还有如虚拟压缩恢复法等高端的方法,由于涉及的概念太多,精度非常高,推导过程烦琐便不在此处提出。

由上述方法(主要是拉普拉斯方法)再结合椭球体的相关知识,不难得出一个水准椭球体的正常重力场可以由四个基本参数确定,即它的位 U_0 与大地水准面的位相同,它的质量与引力常数的乘积 $A_0 = fM$,转动惯量 $A_2 = f(A-C)$ 以及它的旋转角速度 ω 与地球的这三个数值相同(当然仍应保持水准椭球体的中心与地球质心重合,它的三个坐标轴就是地球的主惯性轴等条件)。如果这四个基本参数确定了,则水准椭球体的正常重力场也就确定了。

10.2　地球重力位的球函数展开式

本节主要介绍地球重力位的球函数展开过程,由此得到地球重力位的球函数展开式。

10.2.1　矩相关概念

将地球重力位展开成级数,要牵涉到地球的质量、质心坐标、惯性矩、惯性积以及主惯性轴等概念,这些均是《理论力学》中所讲的矩。为了帮助大家理解后面的内容,这里预先讲一下这些力学概念。

在力学中常常遇到一些 mr^k 形式的物理量,其中 m 是质点的质量,r 是距离,这种将质量和距离 k 次方乘积的物理量总称为矩。当 $k=0$ 时称为零级矩,当 $k=1$ 时称为一级矩,当 $k=2$ 时称为二级矩。质体的 k 级矩为 $\int_\tau r^k dm$,它应该对整个体积进行积分。

为了以后应用,我们来介绍以下几种矩。

(1)零级矩,即 $k=0$ 时,它表示物体的总质量。

$$\int_\tau r^0 dm = \int_\tau dm = M \tag{10.5}$$

(2)一级矩,即 $k=1$ 时

$$\int_\tau r^k dm = \int_\tau r\, dm = \begin{cases} \int_\tau x\, dm = X_0 M \\ \int_\tau y\, dm = Y_0 M \\ \int_\tau z\, dm = Z_0 M \end{cases} \tag{10.6}$$

(3)二级矩,即 $k=2$ 时

$$\int_\tau r^k dm = \int_\tau r^2 dm = \int_\tau (x^2 + y^2 + z^2) dm \tag{10.7}$$

称为物体对坐标原点的转动惯量(或惯性矩)。

10.2.2　重力位展开式

我们知道,地球的重力位等于地球引力位与离心力位之和。由于离心力位只是点的坐标函数,它是很容易求得的。所以要将地球的重力位展开成级数,只需展开地球的引力位就行了。

地球对外部一点 $P(\rho,\theta,\lambda)$ 的引力位为:

$$V = \int_{\tau} \frac{\mathrm{d}m}{r} = f \int_{\tau} \frac{\delta \mathrm{d}\tau}{r} \tag{10.8}$$

其中 δ 为地球密度。

从(10.1)式可以看出:

$$r^2 = \rho'^2 + \rho^2 - 2\rho\rho' \cos\varphi \tag{10.9}$$

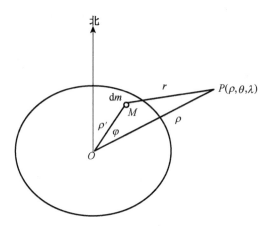

其中,ρ' 是 M 点质元 $\mathrm{d}m$ 的向径,并假定 M 点的球面坐标为 (ρ',θ',λ');ρ 是 P 点的向径;φ 是 M 点和 P 点之间的角矩。地球引力位表达示意图如图10.1所示。

由此可得:

$$\frac{1}{r} = \frac{1}{\rho} \frac{1}{\left(1 + \frac{\rho'^2}{\rho^2} - 2\frac{\rho'}{\rho}\cos\varphi\right)^{\frac{1}{2}}} \tag{10.10}$$

图 10.1　地球引力位表达示意图

$\frac{1}{r}$ 的级数展开式为:

$$\frac{1}{r} = \sum_{n=0}^{\infty} \frac{\rho'^n}{\rho^{n+1}} P_n(\cos\varphi) \mathrm{d}\tau \tag{10.11}$$

将上式代入(10.8)式,得:

$$V = \sum_{n=0}^{\infty} V_n = \sum_{n=0}^{\infty} \frac{f}{\rho^{n+1}} \int_{\tau} \delta \rho'^n P_n(\cos\varphi) \mathrm{d}\tau \tag{10.12}$$

当 $n=0$ 时,有

$$V_0 = \frac{f}{\rho} \int_{\tau} \delta P_0(\cos\varphi) \mathrm{d}\tau = \frac{fM}{\rho} \tag{10.13}$$

令 $fM = A_0$,A_0 是与地球质量 M 有关的,也就是与零级矩有关的量。

$$V_0 = \frac{A_0}{\rho} \tag{10.14}$$

当 $n=1$ 时,有

$$V_1 = \frac{f}{\rho^2} \int_{\tau} \delta \rho' P_1(\cos\varphi) \mathrm{d}\tau = \frac{f}{\rho^2} \int_{\tau} \delta \rho' \cos\varphi \mathrm{d}\tau \tag{10.15}$$

V_1 还可以写成:

$$V_1 = \frac{f}{\rho^2} \Big[\Big(\int_\tau \delta\rho' \cos\theta' \mathrm{d}\tau \Big) \cos\theta + \Big(\int_\tau \delta\rho' \sin\theta' \cos\lambda' \mathrm{d}\tau \Big) \sin\theta\cos\lambda +$$

$$\Big(\int_\tau \delta\rho' \sin\theta' \sin\lambda' \mathrm{d}\tau \Big) \sin\theta\sin\lambda \Big] \tag{10.16}$$

$$A_1 = f \int_\tau \delta\rho' \cos\theta' \mathrm{d}\tau \tag{10.17}$$

$$A_1^1 = f \int_\tau \delta\rho' \sin\theta' \cos\lambda' \mathrm{d}\tau \tag{10.18}$$

$$B_1^1 = \int_\tau \delta\rho' \sin\theta' \sin\lambda' \mathrm{d}\tau \tag{10.19}$$

$$V_1 = \frac{1}{\rho^2} (A_1 \cos\theta + A_1^1 \sin\theta\cos\lambda + B_1^1 \sin\theta\sin\lambda) \tag{10.20}$$

当 $n=2$ 时,有

$$V_2 = \frac{f}{\rho^3} \int_\tau \delta\rho' P_2(\cos\varphi) \mathrm{d}\tau = \frac{f}{\rho^3} \int_\tau \delta\rho'^2 \Big(\frac{3}{2} \cos^2\varphi - \frac{1}{2} \Big) \mathrm{d}\tau \tag{10.21}$$

经过化算可得:

$$V_2 = \frac{1}{\rho^3} \Big[A_2 \Big(\frac{3}{2} \cos\theta - \frac{1}{2} \Big) + A_2^1 (3\sin\theta\cos\theta\cos\lambda) + B_2^1 (3\sin\theta\cos\theta\sin\lambda) +$$

$$A_2^2 (3\sin^2\theta\cos 2\lambda) + B_2^2 (3\sin^2\theta\sin 2\lambda) \Big] \tag{10.22}$$

综上,V_n 的一般形式可以写成:

$$V_n = \frac{1}{\rho^{n+1}} \Big[A_n P_n(\cos\theta) + \sum_{k=1}^n (A_n^k \cos k\lambda + B_n^k \sin k\lambda) P_n^k(\cos\theta) \Big] \tag{10.23}$$

其中,$P_n(\cos\theta)$ 称为主球函数(或带球函数),$P_n^k(\cos\theta)$ 称为勒让德缔合(或伴随)函数。

当 $n=0$ 时,V_0 只有一项;当 $n=1$ 时,V_1 包含了三项;当 $n=2$ 时,V_2 包含了五项;由此知(10.23)式中 V_n 包含了 $2n+1$ 项。

即可得:

$$V = \sum_{n=0}^\infty V_n = \sum_{n=0}^\infty \frac{1}{\rho^{n+1}} \Big[A_n P_n(\cos\theta) + \sum_{k=1}^n (A_n^k \cos k\lambda + B_n^k \sin k\lambda) P_n^k(\cos\theta) \Big] \tag{10.24}$$

这就是地球引力位的球函数展开式,共有 $1+3+5+\cdots+(2n+1)=(n+1)^2$ 项。

10.3 确定正常重力场的 Laplace 方法和 Stokes 方法

确定正常重力场的方法主要由 Laplace 方法和 Stokes 方法,该节主要介绍这两种方法是如何来确定正常重力场的。

10.3.1　Laplace方法

上一节已经导出地球引力位的球函数展开式,加上离心力位之后,就得到地球重力位,即

$$W = \sum_{n=0}^{\infty} \frac{1}{\rho^{n+1}} \Big[A_n P_n(\cos\theta) + \sum_{k=1}^{n} (A_n^k \cos k\lambda + B_n^k \sin k\lambda) P_n^k(\cos\theta) \Big] + \frac{\omega^2}{2}\rho^2 \sin^2\theta$$

$$(10.25)$$

1. 正常重力位取项

用拉普拉斯方法表示正常重力位,就是在重力位的球函数展开式(10.25)式的右边第一部分中选取前几项,略去余项。在实践中选取项数的多少是根据观测资料的精度和对正常重力位所要求的精度而定。为了方便起见,在(10.25)式的引力位展开式中只选取前三项来表示正常重力位,因此可以将正常重力位 U 写成

$$U = \sum_{n=0}^{2} V_n + Q = \sum_{n=0}^{\infty} \frac{1}{\rho^{n+1}} \Big[A_n P_n(\cos\theta) + \sum_{k=1}^{n} (A_n^k \cos k\lambda + B_n^k \sin k\lambda) P_n^k(\cos\theta) \Big] + \frac{\omega^2}{2}\rho^2 \sin^2\theta$$

$$(10.26)$$

或写成

$$U = \frac{A_0}{\rho} + \frac{1}{\rho^2} \big[A_1 \cos\theta + (A_1^1 \cos\lambda + B_1^1 \sin\lambda)\sin\theta \big] + \frac{1}{\rho^3} \Big[A_2 \Big(\frac{3}{2}\cos^2\theta - \frac{1}{2} \Big) +$$

$$(A_2^1 \cos\lambda + B_2^1 \sin\lambda)3\cos\theta\sin\theta + (A_2^2 \cos 2\lambda + B_2^2 \sin 2\lambda)3\sin^2\theta \Big] + \frac{\omega^2}{2}\rho^2\sin^2\theta$$

$$(10.27)$$

按前面所述,若将坐标原点设在地球质心上,则 $A_1 = A_1^1 = B_1^1 = 0$;再令坐标轴为地球的主惯性轴,则 $A_2^1 = B_2^1 = B_2^2 = 0$;如果将地球看成是旋转体,则 $A = B$,此时(10.27)式中与精度 λ 有关的各项均消失。又因为 $A_0 = fM, A_2 = f\Big(\frac{A+B}{2} - C\Big) = f(A-C)$,并设 $C - A = KM$,则正常重力位可以写成

$$U = f\frac{M}{\rho} \Big\{ 1 + \frac{K}{2\rho^2}(1 - 3\cos^2\theta) + \frac{\omega^2\rho^3}{2fM}\sin^2\theta \Big\}$$

$$(10.28)$$

2. 水准椭球体

和重力位水准面一样,令上式等于不同的常数,就得到一簇正常位水准面,它具有和重力位水准面同样的性质。在这些正常水准面中总有一个是非常接近于大地水准面的。可以证明,如果只顾及扁率 α 级精度的话,其形状是一个规则的椭球体。由于它具有正常位水准面的性质,所以称为水准椭球体。

如图 10.2 所示,当取其零阶时,相应于圆球;取其二阶,相应于椭球;取其三阶,相应于三角形;取其四阶,相应于二次形(近似于正方形);取其五阶,相应于梅花形。依次类推,将所有项叠加,项数越多,则越趋近于真实引力位函数。

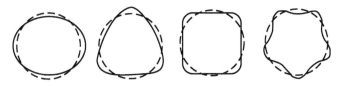

图 10.2　各阶地球形状示意图

下面来推导水准椭球体的方程式。假设用 q 来表示地球赤道上的离心力和重力的比值,即

$$q = \frac{\omega^2 a}{g_e} \tag{10.29}$$

并令

$$\mu = \frac{3K}{2a^2} \tag{10.30}$$

其中 μ 称为地球形状参数。

先将(10.28)式进行化简,其中

$$\frac{\omega^2 \rho^3}{fM} = \frac{\omega^2 a}{g_e} \cdot \frac{\rho}{a} \cdot \frac{g_e}{\frac{fM}{\rho^2}} \tag{10.31}$$

由(10.29)式知上式右边第一个乘数即为 q。又因为被吸引点 P 一般在地球表面上或离地球表面不远的外部空间,因此可将 $\frac{\rho}{a}$ 当作 1;同时若不考虑离心力的影响,则上式第三个乘数也近似等于 1。因此

$$\frac{\omega^2 \rho^3}{fM} \approx \frac{\omega^2 a}{g_e} = q \tag{10.32}$$

同理,由(10.30)式得:

$$\frac{K}{2\rho^2} = \frac{K}{2a^2} \cdot \frac{a^2}{\rho^2} = \frac{1}{3}\mu \tag{10.33}$$

将(10.32)式和(10.33)式代入(10.28)式中,得:

$$U = f\frac{M}{\rho}\left\{1 + \frac{\mu}{3}(1 - 3\cos^2\theta) + \frac{q}{2}\sin^2\theta\right\} = 常数 \tag{10.34}$$

因为要求得与大地水准面相近的那个正常位水准面($U_0 = $ 常数)的形状,所以在决定上式的常数时取其赤道上一点,此时 $\theta = 90°$,$\rho = a$,将它们代入(10.34)式,并用 U_0 表示 U,则得:

$$U_0 = \frac{fM}{a}\left[1 + \frac{\mu}{3} + \frac{q}{2}\right] = 常数 \tag{10.35}$$

在此情况下,(10.34)式正常位水准面的方程式变为:

$$\rho = a \frac{1 + \frac{\mu}{3}(1 - 3\cos^2\theta) + \frac{q}{2}\sin^2\theta}{1 + \frac{\mu}{3} + \frac{q}{2}} \tag{10.36}$$

上式分母中的 μ, q 均为微小量,通常只有 $1/300$ 左右,所以称为 α(扁率)级微小量。若将上式分母展开成级数,并略去 μ, q 的平方及以上各项,则

$$\rho = a\left[1 - (\mu + \frac{q}{2})\cos^2\theta\right] \tag{10.37}$$

这就是接近于大地水准面的那个正常位水准面的方程式。现在再来证明它是一个旋转椭球体。

从解析几何学可知,旋转椭球体的方程式可近似为:

$$\rho \approx a(1 - \alpha\cos^2\theta) \tag{10.38}$$

其中 α 为旋转椭球体的扁率。将(10.37)式和(10.38)式相比较,可知(10.37)式确实是一个旋转椭球体的方程式,它的扁率为:

$$\alpha = \mu + \frac{q}{2} \tag{10.39}$$

因为这个椭球体的表面是水准面,所以称它为水准椭球体。这里必须指出,(10.37)式是旋转椭球体,要在精度为 α 级量的情况下才是正确的。若要求其精度高于 α 级量时,如估计 α 平方级量,则(10.37)式就不是一个严格的旋转椭球体了,而是与规则的椭球体有所差别,我们改称为扁球体。

3. 正常重力公式

下面再来推导在(10.38)式这个旋转椭球体上的重力值,为区别于真正的重力 g,称为正常重力,并用 γ_0 来表示它。

按前面提及的公式 $\gamma = -\dfrac{\mathrm{d}U}{\mathrm{d}n}$,其中 n 是正常位水准面的法线。但在(10.28)式中,U 是向径 ρ 的函数。从图10.3可以看出,向径与法线的夹角就是地心纬度和地理纬度之差 $\phi - \varphi$,这个差数很小,当 $\varphi = 45°$ 时,最大为 $11'.6$,因此可忽略不计,由此上式又可写成 $\gamma = -\dfrac{\mathrm{d}U}{\mathrm{d}\rho}$。将(10.34)式对 ρ 取导数,并将

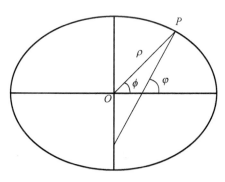

图 10.3 旋转椭球体

(10.37)式中的 ρ 代入,即得水准椭球体上的正常重力为:

$$\gamma_0 = \frac{fM}{a^2} \frac{\left[1 + \mu(1 - 3\cos^2\theta) - q\sin^2\theta\right]}{\left[1 - \left(\mu + \frac{1}{2}q\right)\cos^2\theta\right]^2} \tag{10.40}$$

将上式分母展成级数,只保留到 α 级量,则得:

$$\gamma_0 = \frac{fM}{a^2}\left[1+\mu-q+(2q-\mu)\cos^2\theta\right] \tag{10.41}$$

将(10.39)式代入上式,则得:

$$\gamma_0 = \frac{fM}{a^2}\left[1+\alpha-\frac{3}{2}q+\left(\frac{5}{2}q-\alpha\right)\cos^2\theta\right] \tag{10.42}$$

当 $\theta = 90°$ 时,得赤道上的正常重力 γ_e :

$$\gamma_e = \frac{fM}{a^2}\left(1+\alpha-\frac{3}{2}q\right) \tag{10.43}$$

当 $\theta = 0°$ 时,得极点上的正常重力 γ_p :

$$\gamma_p = \frac{fM}{a^2}(1+q) \tag{10.44}$$

将上两式相除,得:

$$\frac{\gamma_p}{\gamma_e} = 1-\alpha+\frac{5}{2}q \tag{10.45}$$

设

$$\beta = \frac{\gamma_p-\gamma_e}{\gamma_e} \tag{10.46}$$

β 称为重力扁率。由(10.45)式可得:

$$\beta = \frac{\gamma_p-\gamma_e}{\gamma_e} = \frac{5}{2}q-\alpha \tag{10.47}$$

(10.46)式和(10.47)式合在一起称为克莱罗定理,它表达了重力(重力扁率)与椭球体扁率之间的关系。

我们再将(10.42)式和(10.43)式相除,只顾及 α 级量,并用 $90°-\varphi$ 代替 θ ,则得:

$$\gamma_0 = \gamma_e\left[1+\left(\frac{5}{2}q-\alpha\right)\sin^2\varphi\right] \tag{10.48}$$
$$= \gamma_e(1+\beta\sin^2\varphi)$$

上式即为顾及 α 级量的正常重力公式,可按计算点的纬度 φ 算得椭球体上的正常重力值。

10.3.2　Stokes 方法

上节我们只顾及二阶以内的球函数,并以扁率 α 级的精度导出了正常重力位以及正常重力,但它不能满足实践的需要。为了达到和观测相应的精度,最低限度要顾及四阶主球函数,即

$$U_0 = \frac{A_0}{\rho}+\frac{A_2}{\rho^3}P_2(\cos\theta)+\frac{A_4}{\rho^5}P_4(\cos\theta)+\frac{\omega^2}{2}\rho^2\sin^2\theta \tag{10.49}$$

并且在推导过程中要顾及扁率平方级各项。这样按 Laplace 方法求得的就不再是水准

椭球体,而是在中纬度与严格的旋转椭球形状有所偏离的扁球体。

实际上,我们没有必要选择这样一个与大地水准面更为接近的正常位水准面作为大地水准面的近似。我们可以直接选择与大地水准面相接近的参考椭球体(旋转椭球体)来推算它的正常重力场。本节不再选择正常位水准面(正常地球)作为大地水准面的近似,也不再采用球函数级数展开的方法去推求正常重力公式。索米里安推导出了这样的公式。本节略去索米里安公式的推导,直接给出有关结果。

假定与大地水准面接近的水准椭球体的方程为:

$$\frac{x^2 + y^2}{a^2} + \frac{z^2}{b^2} = 1 \tag{10.50}$$

椭球体的旋转角速度为ω,那么这个椭球体上的正常重力公式为:

$$\gamma_0 = \frac{a\gamma_e \cos^2 B + b\gamma_P \sin^2 B}{\sqrt{a^2 \cos^2 B + b^2 \sin^2 B}} \tag{10.51}$$

其中,B是大地纬度,γ_e是椭球体赤道上的正常重力,γ_P为椭球体极点上的正常重力。

这是一个封闭形式的公式,实际应用时可根据需要将它展开成级数,如顾及扁率平方级,略去平方级以上各项,则可进行化算。

$$\gamma_0 = \gamma_e(1 + \beta\sin^2 B - \beta_1 \sin^2 2B) \tag{10.52}$$

其中

$$\beta_1 = \frac{1}{8}a^2 + \frac{1}{4}\alpha\beta \tag{10.53}$$

β意义同前,即

$$\beta = \frac{\gamma_p - \gamma_e}{\gamma_e} \quad \alpha = \frac{a - b}{a} \tag{10.54}$$

必须指出,Stokes方法尽管也有级数展开,但不同于Laplace方法中的级数展开。这里我们是在封闭的正常重力公式的基础上,根据要求的精度而决定展开的项数,例如上面是按扁率平方级的精度展开的。而这个正常重力公式所依据的椭球体的几何形状仍是一个规则的旋转椭球体。如果按照扁率三次方来展开,它还是一个规则的旋转椭球体上的正常重力公式。总之,它的形状并不因展开式所顾及项数的多少而有所差异。Laplace方法中则不然,它是先将位进行级数展开,而后再根据展开式来决定水准面的形状,所以展开到不同的项数,水准面就具有不同的形状,顾及项数越高,水准面的形状越复杂。

10.4　正常重力公式

正常重力公式是在计算正常重力中用到的核心知识点,通过不同的椭球体参数,我们可以得到不同的正常重力公式,我国各部门在选择该公式时也不尽相同,比如重力勘探部门多用1930年的卡西尼公式,测绘部门则多用1901—1909年的赫尔默特公式。从资料的统一和使用来说,统一采用同一个正常重力公式要有利一些。目前已编制了这两个公式以及它们之间换算的用表,可以按纬度或高斯克吕格直角坐标为引数从中查取正常重力值以及它们之间换算的改正数。

10.4.1　基本公式

正常重力公式表达式为:

$$\gamma_0 = \gamma_e(1 + \beta\sin^2\varphi - \beta_1\sin^2 2\varphi) \tag{10.55}$$

式中含有三个参数:γ_e、β、β_1。如果这三个参数知道的话,就可以按纬度来计算正常重力值。γ_0 为纬度为 φ,海拔为零时的正常重力值。因此,如何准确地确定这三个参数,是多年来研究的问题。目前已推导出很多正常重力公式。我国最常用的有两种形式,一种是 1930 年的卡西尼公式,另外一种是 1901—1909 年的赫尔默特公式。

10.4.2　卡西尼公式

$$\gamma_0 = 978.049(1 + 0.005\ 288\sin^2\varphi - 0.000\ 005\ 9\sin^2 2\varphi) \tag{10.56}$$

我国重力勘探部门多采用此公式。式中的纬度 φ 可用天文纬度或大地纬度。这个公式的 γ_e 是根据重力资料求得的,而 β 及 β_1 是由海福特椭球体的参数求得,它所用的基本参数为:

$$\alpha = \frac{1}{297}$$
$$q = 0.003\ 467\ 826$$
$$\gamma_e = 978.049\ \text{mGal}$$
$$a_0 = 6\ 378\ 388\ \text{m}$$

10.4.3　赫尔默特公式

$$\gamma_0 = 978.030(1 + 0.005\ 302\sin^2\varphi - 0.000\ 007\sin^2 2\varphi) \tag{10.57}$$

我国测绘部门多采用此公式,它利用了许多不同纬度上的重力点,将它们归算到大地水准面上,用最小二乘法求出 γ_e 及 β,因 β_1 很小,不能用这种方法直接推算,于是按地球内部密度分布假说从理论上求出,并采用克拉索夫斯基椭球参数,相当于具有下列基本参数:

$$\alpha = \frac{1}{298.3}$$
$$a = 6\ 378\ 245\ \text{m}$$
$$\gamma_e = 978.030\ \text{mGal}$$
$$\beta = 0.005\ 302$$

10.4.4　基于 1980 年国家大地坐标系的正常重力公式

1979 年国际地球物理及大地测量联合会建议用下列一组基本参数作为 1980 年大地坐标系的依据,其数值为:

$$\omega = 7.292\ 115 \times 10^{-5}\ \text{rad/s}$$

$$fM = 3.986\ 005 \times 10^{14}\ \text{m}^3/\text{s}^2$$

$$J_2 = 1\ 082.63 \times 10^{-6}$$

$$a = 6\ 378\ 137\ \text{m}$$

得到相应的正常重力公式为：

$$\gamma_0 = 978.032(1 + 0.005\ 302\sin^2\varphi - 0.000\ 005\ 8\sin^2 2\varphi) \tag{10.58}$$

10.4.5 基于 WGS 84 世界大地坐标系的正常重力公式

采用国际 1984 椭球参数计算而得到的正常重力公式为：

$$\gamma_0 = 978.032\ 68(1 + 0.005\ 302\ 4\sin^2\varphi - 0.000\ 005\ 8\sin^2 2\varphi) \tag{10.59}$$

综上所述，如果我们给定了正常重力公式中一些具体的量，再加上其他的一些量，也就是给出了正常重力场七个基本参数中的四个基本参数，这样，外部正常重力场也就唯一地被确定了。与其相应的水准椭球体称为平均地球椭球体（简称平均椭球体）或总的地球椭球体（简称总的椭球体）。

10.5　正常重力场的性质

地球重力作用的空间在地球重力场中，每一点所受重力的大小和方向只与该点的位置有关。和其他力场（如磁场、电场）一样，地球重力场也有重力、重力线、重力位和等位面等要素。本节首先学习正常重力场的重力等位面及正常重力场的性质，最后导出正常大地位的球函数展开式。研究地球重力场，就是研究这些要素的物理特征和数学表达式，并以重力位理论为基础。

10.5.1 重力等位面及其性质

描述地球重力场不规则性的最简单方法就是运用重力等位面及其力线来描述。所谓重力等位面，就是在这个曲面上重力位函数值处处相等。

一般方程为：

$$W(r) = const \tag{10.60}$$

由公式（10.60）可知，只要给出不同的常数，就能得到不同的重力等位面。重力等位面上任意一点的重力方向必垂直于通过该点的重力等位面。

重力等位面有几个对大地测量学来说是非常重要的性质，这里不加证明，叙述如下（图10.4）：

（1）重力等位面之间既不平行也不相交，它们必定是封闭曲面；

（2）重力等位面是连续的，没有间断点；

（3）重力等位面是一个光滑的曲面，不会产生棱角；

（4）重力等位面的局部曲率半径的变化是平滑的，只有在质量密度发生突变处例外；

（5）由于重力等位面之间不平行，因此重力线（或称力线）是弯曲的，一点的重力方向就

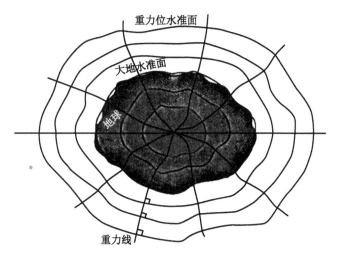

图 10.4　重力等位面与大地水准面、重力线的关系

是该点重力线的切线方向。

10.5.2　正常重力场性质

由于正常重力位比较规则,因此正常位水准面之间的变化规律也是可以知道的。有了这种规律就可以求出正常重力线的曲率。

根据公式(10.61),相邻两正常位水准面之间的距离 dh,可以用下式来表示:

$$dh = -\frac{dU}{r} \tag{10.61}$$

又由正常重力公式看出,纬度越高,正常重力值越大,因此相邻两正常位水准面之间的距离 dh 就越小,所以正常位水准面是向两极收敛的。同时因为正常重力与经度无关,所以在同一纬度上,相邻两正常位水准面间的距离是相等的。

我们知道正常重力线是正常位水准面的法线方向,由于正常位水准面向两极收敛以及两水准面之间的距离 dh 与经度无关,因此正常重力线是一根在子午面内向两极弯曲的平面曲线,如图 10.5 所示。

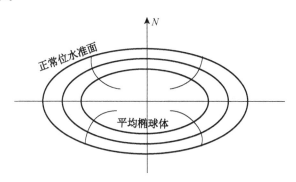

图 10.5　正常重力线示意图

10.5.3 正常大地位的球函数展开

地球在其外部空间产生的引力位称为它的大地位。大地位的球函数展开是大地位的重要表示方法,随着空间技术的发展和地面重力测量结果的不断积累,确定大地位球函数展开的阶数及其系数的精度越来越高。为了与地球的大地位球函数展开进行对比,需要知道正常大地位的球函数展开。

在这里不加推导过程直接给出如下的结果:

$$V = \frac{fM}{\rho} + \sum_{n=1}^{\infty} A_{2n} \frac{P_{2n}(\cos\theta)}{\rho^{2n+1}} \qquad (10.62)$$

第11章 确定大地水准面及地球形状的基本理论

人类对地球形状的认识经历了漫长的探索过程：18世纪中叶以前，人们单纯采用几何大地测量方法测定地球形状。1743年克莱罗定理问世，这一定理奠定了用物理方法研究地球形状的理论基础。19世纪初，法国的拉普拉斯和德国的高斯、贝塞尔等都认识到椭球面不足以代表地球表面。1849年，英国的斯托克斯(Stokes)提出了斯托克斯理论，该理论是克莱罗定理的进一步发展。1873年，利斯廷(Listing)提出用大地水准面代表地球形状，开始将斯托克斯理论用于研究大地水准面形状。1945年，苏联的莫洛金斯基(Molodensky)提出了用地面重力观测资料来确定地球形状的理论，从而回避了长期无法解决的重力归算问题，但是重力数据不足的矛盾仍然存在。

重力测量学的主要研究内容就是如何确定地球形状。本章重点介绍确定地球形状的原理与方法。主要内容包括重力测量基本微分方程、扰动位及扰动重力的求解、重力归算以及用Moledensky方法确定地球形状。

11.1 概述

严格来说，地球形状应该是指地球表面的几何形状。但是地球的自然表面极其复杂，所以在科学上，人们都把平均海水面及其延伸到大陆内部所构成的大地水准面作为地球形状的研究对象。地球形状是引力、离心力和内部应力平衡的产物。

11.1.1 大地水准面及研究意义

1. 大地水准面定义

如果在某曲面上重力位处处相等，则此曲面称为重力等位面，又称为水准面，这样的水准面有无数个。重力等位面并不是一个抽象的数学概念，在日常生活中经常可以看到，甚至加以应用，例如一个平静的水面就是某个重力等位面的一部分。可以想象，若平静的水面上重力位不相等，那么位能差就会使水流动而不能静止。在局部区域内，平静的水面恰似一个平面，这一现象很早就被应用到地形测绘中，用于标定高度或高差。

因此，在测绘技术中称重力等位面为水准面。同一个水准面上的高度或高程是相等的，而且它与铅垂线相垂直，这个铅垂线实际上代表了重力方向。

处于静止状态的海洋面与一个重力等位面重合，这个假想的静止海洋面向整个地球大陆内部延伸形成的封闭曲面，为大地水准面的经典定义，也即静态的大地水准面。

实际海洋面不可能处于完全静止状态，通常用无潮汐平均海水面来近似代替，如此定义的大地水准面是与平均海水面最接近的重力等位面，也即动态的大地水准面。

2. 研究意义与研究方法

地球的自然表面相当复杂(图 11.1),以前的许多学者都不去直接研究它,而是研究大地水准面的形状。这是因为大地水准面较好地代表了地球表面;大地测量仪器的安置均以大地水准面为依据,其基准面为水准面,基准线即为水准面的法线。

大地水准面也是一个较复杂的曲面,在这个曲面上难以进行精确的数学计算。为了观测成果的数学表达计算和制图工作的需要,选用一个同大地体最为吻合、可用数学方法来表达的几何体来代替。将椭圆绕其短轴旋转一周后所形成的旋转椭球体就是一种理想选择。这种用来表示大地体的旋转椭球称为地球椭球。如图 11.2 所示。

研究大地水准面的形状,除了要研究与大地水准面非常接近的一个平均椭球体以外,还要研究大地水准面相对于椭球体的起伏以及两者垂线与法线间的偏差。由此确定地球形状的步骤为:先选择一个与大地水准面同重力位且又很逼近的等位面作为参考面(旋转椭球面、参考椭球面),这个参考面的形状简单,便于计算;再精确测定大地水准面与这个参考面的偏离,包括纬度方向上的偏离、经度方向上的偏离以及局部偏离。

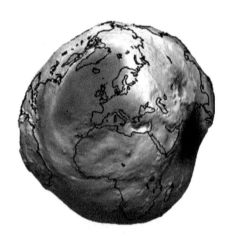

图 11.1 地球真实形状

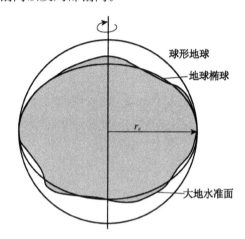

图 11.2 球形地球、大地水准面与地球椭球

实测表明,大地水准面与参考椭球面的最大偏离不超过地球半径的十万分之一。地球椭球是地球形状的二级逼近。

研究大地水准面是通过研究地球(正确地说是大地水准面内的质量)重力位与椭球体所产生的正常位之差(即扰动位),来推求大地水准面相对于椭球体的起伏(差距)和倾斜(垂线偏差)。

11.1.2 斯托克司定理及问题

英国物理学家斯托克司 1849 年提出了一个定理:如果已知一个水准面的形状 S,S 面上的位 W_0(或它所包含的质量 M)以及旋转角速度 ω,则可以根据这些数据求得水准面上及其外部空间任一点的重力位及重力,而无需知道地球内部质量的具体分布情况。第 10 章的正常重力公式就是根据这个定理推导出来的。

前面介绍了研究大地水准面的形状,除了要研究与大地水准面非常接近的一个平均椭球体以外,还要研究大地水准面相对于椭球体的起伏以及两者垂线与法线间的偏差。解决这个问题的方法主要是利用扰动位去推求大地水准面相对于椭球体的起伏和倾斜。

扰动位是根据边值问题解算出来的。对于一个重力位水准面 S,其内部包含了所有的质量,已知面上的重力及重力位,则可确定此水准面的形状及其外部重力位。这里认为离心力位是已知的,这个问题称为斯托克司问题。

11.1.3　重力归算及含义

研究大地水准面的形状我们是通过研究椭球体形状及扰动位来实现的。而解算扰动位要求在大地水准面外部不得有质量存在,所以必须将地球的质量加以调整,也就是要去掉大地水准面以外的质量。由此求得的是调整了地球质量以后的大地水准面形状。

将地面上的实测重力值归算到大地水准面上,也就是将地球调整以后的影响计算出来,在重力观测值中加以改正即为重力归算。一般有空间改正、层面改正、地形改正、地壳均衡改正等。无论是哪一种改正,移动了地球质量,相应地也改变了大地水准面的原型。

11.1.4　莫洛金斯基方法研究地球形状

莫洛金斯基方法直接采用地面重力异常来研究地球形状,以地球表面为边界面解算边值问题。它与斯托克司方法的相同之处在于根据扰动位来解算所有的相关数据(大地水准面差距 N 与垂线偏差分量 ξ、η);不同之处在于该方法是利用地面上的重力异常去解算地面上的扰动位,而不是利用大地水准面上的重力异常去解算大地水准面上的扰动位,这就避免了重力归算的困难。另外该方法在理论上也比斯托克司方法严密些,但在实践中要求有更多的重力与地形测量资料。

以上两种理论可以说是经典的理论,随后出现的各种新理论均以此为理论基础。

11.2　扰动位的作用及重力测量基本微分方程

上节简要介绍了大地水准面、重力归算等基础知识,而这节我们将扩展相关知识,进一步学习有关扰动位的作用及重力测量基本微分方程的具体形式,同时还将继续探讨上节的斯托克斯边值问题,为后续学习打下基础。

11.2.1　扰动位

我们知道,即使选择的平均椭球体非常接近大地水准面,两者之间还是有差异的。因此,我们把同一点上的重力位 W 与正常重力位 U 之差称为扰动位。

$$T = W - U \tag{11.1}$$

在选择平均椭球体计算正常重力位时,由于让它的离心力位与地球重力位的离心力位相同,因此扰动位具有引力位的性质。

如果大地水准面上或其外部各点的 W 和 U 都相等 ,即 $T=0$,那么正常位水准面与重力位水准面合而为一,此时的平均椭球体就是大地水准面。如果能够求得扰动位 T,那么就可以推算出大地水准面与平均椭球体之间的差异(也就是大地水准面差距和垂线偏差)。一般 T 很小,因而在重力位中起着改正项的作用。

11.2.2　大地水准面差距

大地水准面与平均椭球体表面之间的距离,称为大地水准面差距,通常用 N 表达。

假设大地水准面外部没有质量,同时地球的总质量不变,如图 11.3 所示,由于这两个面的距离很近,所以不去区别这两个面的法线,用 N 表示 P 点上两个面的距离,称为大地水准面差距。在选择椭球体时,我们规定大地水准面的 $W_0 = C$ 和平均椭球体面的 $U_0 = C$,两个曲面方程的常数 C 是相等的。

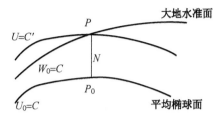

图 11.3　大地水准面差距

两水准面之间的距离 N 可用两个水准面之间的位差 dU 求得:

$$N = -\frac{\mathrm{d}U}{\gamma_0} = -\frac{U - U_0}{\gamma_0} = -\frac{W_0 - T_0 - U_0}{\gamma_0} = \frac{T_0}{\gamma_0} - \frac{W_0 - U_0}{\gamma_0} = \frac{T_0}{\gamma_0} = \frac{T_0}{\bar{\gamma}} \quad (11.2)$$

在不影响精度的情况下,为计算简便,公式中的正常重力值采用平均值来代替,即

$$N = \frac{T_0}{\bar{\gamma}} \quad (11.3)$$

上式称为布隆斯公式。

11.2.3　垂线偏差

扰动位除了和大地水准面差距有关外,还和垂线偏差有关。所谓垂线偏差是某点的实际重力方向 $\vec{g}$ 与相应点的正常重力方向 $\vec{\gamma}$ 之间的夹角,如图 11.4 所示,θ 角就是大地水准面上 P 点的垂线偏差。

扰动位(或大地水准面差距)和垂线偏差(ξ、η 分别为 X 轴和 Y 轴上的两个分量)的关系如下:

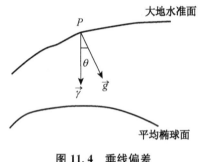

图 11.4　垂线偏差

$$\left.\begin{array}{l} \tan \xi = -\dfrac{1}{g_z}\dfrac{\partial T_0}{\partial X} \\[3mm] \tan \eta = -\dfrac{1}{g_z}\dfrac{\partial T_0}{\partial Y} \end{array}\right\} \quad (11.4)$$

实践证明,垂线偏差分量通常小于 $1'$,因此可以假设 $\tan \xi \approx \xi$,$\tan \eta \approx \eta$,同时将 X、Y 的坐标微分,用子午圈弧长及卯酉圈弧长的微分表示,并用地球的平均曲率半径 R 代替子午圈曲率半径和卯酉圈曲率半径,用 $\bar{\gamma}$ 代替 g_z,则上式可以写成:

$$\left.\begin{array}{l} \xi = -\dfrac{1}{\bar{\gamma} R}\dfrac{\partial T_0}{\partial \varphi} \\[3mm] \eta = -\dfrac{1}{\bar{\gamma} R \cos \varphi}\dfrac{\partial T_0}{\partial \lambda} \end{array}\right\} \quad (11.5)$$

由于垂线偏差数值很小,式中经纬度 λ、φ 的精度要求不高,亦可用大地经纬度 L、B 来替代。

11.2.4　重力测量基本微分方程

实际重力值与正常重力值之差为重力异常。重力异常可分为两种:一种是混合重力异常：$\Delta g = g_0 - \gamma_0$；另一种是纯重力异常（又称扰动重力）：$\delta g = g - \gamma$。通常采用的是混合重力异常。

为了解算扰动位，需要导出扰动位 T_0 和混合重力异常之间的关系式。

在大地水准面 Σ 上有：$g_0 = -\left(\dfrac{\partial W_0}{\partial n}\right)_\Sigma = -\left(\dfrac{\partial U}{\partial n}\right)_\Sigma - \left(\dfrac{\partial T_0}{\partial n}\right)_\Sigma$ 　　　　(11.6)

在平均椭球体 S 上有：　　　　$\gamma_0 = -\left(\dfrac{\partial U}{\partial n'}\right)_S$ 　　　　(11.7)

因此重力异常为：　　$g_0 - \gamma_0 = -\left(\dfrac{\partial U}{\partial n}\right)_\Sigma + \left(\dfrac{\partial U}{\partial n'}\right)_S - \left(\dfrac{\partial T_0}{\partial n}\right)_\Sigma$ 　　　(11.8)

n 和 n' 是两个不同水准面的法线，由于它们之间的差别很小，可不加区别，按照泰勒级数展开以及一些替代简化，最后得：

$$\Delta g = g_0 - \gamma_0 = -\frac{2T_0}{R} - \frac{\partial T_0}{\partial \rho} \qquad (11.9)$$

这就是扰动位 T_0 与重力异常 Δg 的关系式，称为重力测量基本微分方程。

要求出大地水准面差距和垂线偏差分量，就必须知道大地水准面上的扰动位 T_0，所以确定扰动位 T_0 成为研究地球形状的主要问题。扰动位 T_0 无法直接求得，需要按照它与重力异常的关系，利用边值问题来解算。

11.2.5　斯托克司边值问题

扰动位在地球外部满足拉普拉斯方程，在大地水准面上满足重力测量基本微分方程。假设大地水准面外部没有质量，则扰动位在大地水准面外部同样满足拉普拉斯方程，在大地水准面上满足重力测量基本微分方程。

由位理论边值问题的定义知，重力测量基本微分方程事实上是扰动位在边界面（大地水准面）上满足的一个第三边值问题，如果大地水准面外部没有质量的假设得到满足，则求解大地水准面外部扰动位的问题就转化为解算在边界面（大地水准面）上以重力测量基本微分方程为边界条件的拉普拉斯方程，这就转化为第三边值问题解算。

由于边界面大地水准面是未知的，它依赖于扰动位，所以上述求解扰动位的问题又称为自由边值问题。自由边值问题也称为斯托克司边值问题。

由于大地水准面差距值一般很小（很少超过 100 m），可以将大地水准面当作椭球面。由于平均椭球体的扁率也只有 1/300 的量级，在绝大多数情况下，采用圆球体近似就可以保证足够的精度，这样带来的相对误差也是 1/300 的量级，大地水准面差距值的误差一般都小于 1 m。因此，将大地水准面近似地看成椭球面或球面事实上自由边值问题就简化成了固定边值问题。

采用圆球近似中省略的是微小量中的高阶微小量，在求解 Δg 时，必须采用平均椭球体表面某点的 γ_0，而不是其全球平均值。

11.3　大地水准面上扰动位及扰动重力的求解

本节将系统介绍大地水准面上扰动位及扰动重力（纯重力异常）的求解问题，主要涉及扰动位的求解、大地水准面差距的求解、垂线偏差的求解以及扰动重力的求解。每个问题的具体求解方法又分别有级数解法和积分解法,下面分别加以叙述。

11.3.1 扰动位的求解

对于斯托克司边值问题,若将自由边值问题用以平均椭球体表面或球面为边界的固定边值问题代替,则解是唯一的。以椭球面为边界面,本节讨论在球近似下的边值问题求解。

$$
\begin{cases}
\Delta T = 0 \\
\dfrac{\partial T}{\partial r} + \dfrac{2}{R}T = -\Delta g \\
\lim_{r \to \infty}(r^2 T) = 0
\end{cases}
\tag{11.10}
$$

具体的有球谐函数法(级数解法)与积分解法。

1. 级数解法

设平均椭球体的质心与地球的质心重合,并采用地球质心主惯轴坐标,则正常引力位和引力位的球函数级数展开式中均没有一阶球函数的各项;由于平均椭球体的质量与地球质量相等,所以正常引力位和引力位中的零阶球函数项相等。综合这些讨论可将扰动位的球函数级数展开式写成:

$$
T = \frac{fM}{\rho} \sum_{n=2}^{\infty} \left(\frac{R}{\rho}\right)^n \sum_{k=0}^{n} (A_n^k \cos k\lambda + B_n^k \sin k\lambda) P_n^k(\cos \theta)
\tag{11.11}
$$

这里采用 R 而不采用 a 是球近似的原因。另外我们假设平均椭球体的自转轴与地球的自转轴重合,这样扰动位中才没有与离心力位有关的项,即

$$
\Delta g = \frac{fM}{R^2} \sum_{n=2}^{\infty} (n-1) \sum_{k=0}^{n} (A_n^k \cos k\lambda + B_n^k \sin k\lambda) P_n^k(\cos \theta)
\tag{11.12}
$$

为了求得 A_n^k 与 B_n^k,将 Δg 展开成球函数级数

$$
\Delta g = \sum_{n=2}^{\infty} \sum_{k=0}^{n} (a_n^k \cos k\lambda + b_n^k \sin k\lambda) P_n^k(\cos \theta)
\tag{11.13}
$$

其中

$$
a_n^k = \frac{2n+1}{4\pi} \frac{2}{1+\delta_k} \frac{(n-k)!}{(n+k)!} \int_{\omega} P_n^k(\cos \theta') \cos k\lambda' \, d\omega
\tag{11.14}
$$

$$
b_n^k = \frac{2n+1}{4\pi} \frac{2}{1+\delta_k} \frac{(n-k)!}{(n+k)!} \int_{\omega} P_n^k(\cos \theta') \sin k\lambda' \, d\omega
\tag{11.15}
$$

ω 为单位球面,面积元是 $d\omega = \sin \theta' d\theta' d\lambda'$。

Δg 也可理解为是积分变量 θ' 和 λ' 的函数。Δg 的球函数级数展开式(11.13)中没有零阶和一阶球函数项是(11.12)式的一个直接推论,比较两式即得:

$$
A_n^k = \frac{R^2}{fM(n-1)} a_n^k \quad B_n^k = \frac{R^2}{fM(n-1)} b_n^k
\tag{11.16}
$$

这就是扰动位的球函数级数展开式中的系数。将它代入(11.11)式中,得:

$$T = \frac{R}{4\pi}\int_{\omega} \Delta g \sum_{n=2}^{\infty} \frac{2n+1}{n-1}\left(\frac{R}{\rho}\right)^{n+1} \sum_{k=0}^{n} \frac{2}{1+\delta_k} \frac{(n-k)!}{(n+k)!} P_n^k(\cos\theta) \times \tag{11.17}$$

$$P_n^k(\cos\theta')(\cos k\lambda \cos k\lambda' + \sin k\lambda \sin k\lambda')\mathrm{d}\omega$$

上式中的积分变量是 θ' 和 λ'，因此 Δg 也被看作是 θ' 和 λ' 的函数。最后一个积分号下的级数是收敛的，故可将连加号和积分号变换次序。

2. 积分解法

令

$$S(\rho, \theta', \lambda') = \sum_{n=2}^{\infty} \frac{2n+1}{n-1}\left(\frac{R}{\rho}\right)^{n+1} \sum_{k=0}^{n} \frac{2}{1+\delta_k} \frac{(n-k)!}{(n+k)!} P_n^k(\cos\theta) \times \tag{11.18}$$

$$P_n^k(\cos\theta')(\cos k\lambda \cos k\lambda' + \sin k\lambda \sin k\lambda')$$

则扰动位可写成：

$$T = \frac{R}{4\pi}\int_{\omega} \Delta g S(\rho, \theta', \lambda')\mathrm{d}\omega \tag{11.19}$$

利用加法公式可将 $S(\rho, \theta', \lambda')$ 换算成 $S(\rho, \psi)$：

$$S(\rho, \theta', \lambda') = S(\rho, \psi) = \sum_{n=2}^{\infty} \frac{2n+1}{n-1}\left(\frac{R}{\rho}\right)^{n+1} P_n(\cos\psi) \tag{11.20}$$

进而，可化简成：

$$S(\rho, \psi) = 2\frac{R}{l} + \frac{R}{\rho} - 5\frac{R^2}{\rho^2}\cos\psi - 3\frac{Rl}{\rho^2} - 3\frac{R^2}{\rho^2}\cos\psi\ln\frac{l+\rho-R\cos\psi}{2\rho} \tag{11.21}$$

其中

$$l = (\rho^2 + R^2 - 2\rho R\cos\psi)^{\frac{1}{2}}$$

$S(\rho, \psi)$ 叫做广义的斯托克司函数，利用它可将扰动位写成积分的形式

$$T = \frac{R}{4\pi}\int_{\omega} \Delta g S(\rho, \psi)\mathrm{d}\omega \tag{11.22}$$

11.3.2　大地水准面差距的求解

1. 积分解法

令 $\rho = R$ 便得大地水准面上的扰动位，由于此时

$$l = 2R\sin\frac{\psi}{2} \tag{11.23}$$

$S(\rho, \psi)$ 退化为：

$$S(\psi) = \csc\frac{\psi}{2} + 1 - 5\cos\psi - 6\sin\frac{\psi}{2} - 3\cos\psi\ln(\sin\frac{\psi}{2} + \sin^2\frac{\psi}{2}) \tag{11.24}$$

扰动位则退化为：

$$T_0 = \frac{R}{2\pi} \int_\omega \Delta g S(\psi) \mathrm{d}\omega \tag{11.25}$$

此时 $S(\psi)$ 为斯托克司函数。将上式代入布隆斯公式得球近似下的大地水准面差距

$$N = \frac{R}{4\pi\bar{\gamma}_0} \int_\omega \Delta g S(\psi) \mathrm{d}\omega \tag{11.26}$$

此公式叫做斯托克司公式。

2. 级数解法

令 $\rho = R$，得球近似下大地水准面上扰动位的球函数级数解

$$T = \sum_{n=2}^\infty \frac{R}{n-1} \sum_{k=0}^n (a_n^k \cos k\lambda + b_n^k \sin k\lambda) P_n^k(\cos\theta) \tag{11.27}$$

利用布隆斯公式便得大地水准面差距在球近似下的球函数级数解

$$N = \frac{R}{\bar{\gamma}_0} \sum_{n=2}^\infty \frac{1}{n-1} \sum_{k=1}^n (a_n^k \cos k\lambda + b_n^k \sin k\lambda) P_n^k(\cos\theta) \tag{11.28}$$

这里的 a_n^k 和 b_n^k 为重力异常球函数级数展开式的系数，叫做斯托克司级数。

11.3.3 垂线偏差的求解

1. 积分解法

将

$$N = \frac{R}{4\pi\bar{\gamma}_0} \int_\omega \Delta g S(\psi) \mathrm{d}\omega \tag{11.29}$$

代入

$$\xi = -\frac{1}{R} \frac{\partial N}{\partial\phi} \qquad \eta = \frac{1}{R\cos\phi} \frac{\partial N}{\partial\gamma} \tag{11.30}$$

得球近似下重力垂线偏差的积分表达形式。首先，我们有

$$\xi = \frac{R}{4\pi\bar{\gamma}_0} \int_\omega \Delta g \frac{\partial}{\partial\Phi} S(\psi) \mathrm{d}\omega \tag{11.31}$$

$$\eta = \frac{R}{4\pi\bar{\gamma}_0 \cos\Phi} \int_\omega \Delta g \frac{\partial}{\partial\lambda} S(\psi) \mathrm{d}\omega \tag{11.32}$$

显然

$$\xi = \frac{R}{4\pi\bar{\gamma}_0} \int_\omega \Delta g \frac{\mathrm{d}}{\mathrm{d}\psi} S(\psi) \cos A \mathrm{d}\omega \tag{11.33}$$

$$\eta = \frac{R}{4\pi\bar{\gamma}_0} \int_\omega \Delta g \frac{\mathrm{d}}{\mathrm{d}\psi} S(\psi) \sin A \mathrm{d}\omega \tag{11.34}$$

这就是垂线偏差的计算公式，叫做维宁·曼尼兹公式，函数 $\frac{\mathrm{d}}{\mathrm{d}\psi} S(\psi)$ 叫做维宁·曼尼兹函数。

2. 级数解法

由大地水准面差距的球函数级数展开式,考虑到 $\Phi = \dfrac{\pi}{2} - \theta$,得:

$$\xi = \frac{1}{\gamma_0} \sum_{n=2}^{\infty} \frac{1}{n-1} \sum_{k=0}^{\infty} (a_n^k \cos k\lambda + b_n^k \sin k\lambda) \frac{\mathrm{d}}{\mathrm{d}\theta} P_n^k(\cos \theta) \tag{11.35}$$

$$\eta = \frac{1}{\overline{\gamma}_0 \sin \theta} \sum_{n=2}^{\infty} \frac{1}{n-1} \sum_{k=0}^{\infty} (-k a_n^k \cos k\lambda + k b_n^k \sin k\lambda) \frac{\mathrm{d}}{\mathrm{d}\theta} P_n^k(\cos \theta) \tag{11.36}$$

利用球函数的递推公式可求得:

$$\frac{\mathrm{d}}{\mathrm{d}\theta} P_n^k(\cos \theta) = \frac{1}{\sin \theta} \left[n \cos \theta P_n^k(\cos \theta) - (n+k) P_{n-1}^k(\cos \theta) \right] \tag{11.37}$$

代入(11.35)式与(11.36)式,得:

$$\xi = -\frac{1}{\overline{\gamma}_0} \cot \theta \sum_{n=2}^{\infty} \sum_{k=2}^{n} \frac{n}{n-1} (a_n^k \cos k\lambda + b_n^k \sin k\lambda) P_{n-1}^k(\cos \theta) -$$
$$\frac{1}{\overline{\gamma}_0 \sin \theta} \sum_{n=2}^{\infty} \sum_{k=2}^{n} \frac{n+k+1}{n} (a_{n+1}^k \cos k\lambda + b_{n+1}^k \sin k\lambda) P_n^k(\cos \theta) \tag{11.38}$$

$$\eta = \frac{1}{\overline{\gamma}_0 \sin \theta} \sum_{n=2}^{\infty} \sum_{k=2}^{n} \frac{k}{n-1} (b_n^k \cos k\lambda + a_{n+1}^k \sin k\lambda) P_n^k(\cos \theta) \tag{11.39}$$

这就是球近似下垂线偏差的球函数级数展开式,它要比大地水准面差距的公式复杂得多。

11.3.4　扰动重力的求解

1. 扰动重力

与重力异常不同,扰动重力是空间同一点上的重力与正常重力之差,即

$$\delta \vec{g} = \vec{g} - \vec{\gamma}$$

它是一个矢量,由重力位和正常重力位的性质知

$$\delta \vec{g} = \mathrm{grad} W - \mathrm{grad} U = \mathrm{grad} T \tag{11.40}$$

由于球坐标中沿单位向量 $\vec{\rho}$、$\vec{\theta}$ 和 $\vec{\lambda}$ 的线元长度分别为 $\Delta \rho$、$\rho \Delta \theta$ 和 $\rho \sin \theta \Delta \lambda$,所以 $\delta \vec{g}$ 沿 $\vec{\rho}$、$\vec{\theta}$ 和 $\vec{\gamma}$ 的分量分别为:

$$\delta g_\rho = \frac{\partial T}{\partial \rho} \quad \delta g_\theta = \frac{1}{\rho} \frac{\partial T}{\partial \theta} \quad \delta g_\lambda = \frac{1}{\rho \sin \theta} \frac{\partial T}{\partial \lambda}$$

地球外部任意点的重力就等于该点的正常重力和扰动重力之和。

2. 积分解法

根据外部扰动位的积分公式,可以得出扰动重力的积分公式如下:

$$\begin{cases} \delta g_\rho = \dfrac{R}{4\pi} \displaystyle\int_{\omega} \Delta g \, \frac{\partial}{\partial \rho} S(\rho, \psi) \mathrm{d}\omega \\[3mm] \delta g_\theta = \dfrac{R}{4\pi\rho} \displaystyle\int_{\omega} \Delta g \, \frac{\partial}{\partial \theta} S(\rho, \psi) \mathrm{d}\omega \\[3mm] \delta g_\lambda = \dfrac{R}{4\pi\rho \sin \theta} \displaystyle\int_{\omega} \Delta g \, \frac{\partial}{\partial \lambda} S(\rho, \psi) \mathrm{d}\omega \end{cases} \tag{11.41}$$

显然

$$\frac{\partial}{\partial\theta}S(\rho,\psi)=\frac{\partial}{\partial\psi}S(\rho,\psi)\frac{\partial\psi}{\partial\theta}$$

$$\frac{\partial}{\partial\lambda}S(\rho,\psi)=\frac{\partial}{\partial\lambda}S(\rho,\psi)\frac{\partial\psi}{\partial\lambda}$$

$$\frac{\partial\psi}{\partial\theta}=\cos A,\frac{\partial\psi}{\partial\lambda}=\sin\theta\sin A$$

将它们一并代入,得:

$$
\begin{cases}
\delta g_\rho=\dfrac{R}{4\pi}\displaystyle\int_\omega\Delta g\dfrac{\partial}{\partial\rho}S(\rho,\psi)\mathrm{d}\omega \\[2mm]
\delta g_\theta=\dfrac{R}{4\pi}\displaystyle\int_\omega\Delta g\dfrac{\partial}{\partial\theta}S(\rho,\psi)\cos A\mathrm{d}\omega \\[2mm]
\delta g_\lambda=\dfrac{R}{4\pi}\displaystyle\int_\omega\Delta g\dfrac{\partial}{\partial\lambda}S(\rho,\psi)\sin A\mathrm{d}\omega
\end{cases}
\tag{11.42}
$$

最后我们只需求出广义斯托克司函数 $S(\rho,\psi)$ 的偏导数 $\dfrac{\partial}{\partial\rho}S(\rho,\psi)$ 和 $\dfrac{\partial}{\partial\psi}S(\rho,\psi)$。

$$
\begin{aligned}
\frac{\partial}{\partial\rho}S(\rho,\psi)=&\frac{R(\rho-R\cos\psi)}{\rho l^3}-\frac{R^2}{\rho^2}+6\frac{Rl}{\rho^3}-4\frac{R}{\rho l}+\\
&\frac{R^2}{\rho^3}\cos\psi\left(13+6\ln\frac{l+\rho-R\cos\psi}{2\rho}\right)
\end{aligned}
\tag{11.43}
$$

$$
\frac{\partial}{\partial\psi}S(\rho,\psi)=-\sin\psi\left\{-2\frac{R^2\rho}{l^3}+8\frac{R^2}{\rho^2}-6\frac{R^2}{\rho l}+3\frac{R^2}{\rho^2}\left[\frac{\rho-l+\rho-R\cos\psi}{\sin^2\psi}+\ln\frac{l+\rho-R\cos\psi}{2\rho}\right]\right\}
\tag{11.44}
$$

可见球近似下的扰动重力各分量,它们是重力异常的积分函数式。

3. 级数解法

球近似下扰动位的球函数级数展开式为:

$$T=\sum_{n=2}^\infty\sum_{k=0}^\infty\frac{R}{n-1}\left(\frac{R}{\rho}\right)^{n+1}(a_n^k\cos k\lambda+b_n^k\sin k\lambda)P_n^k(\cos\theta)
\tag{11.45}$$

其中的 a_n^k 和 b_n^k 是重力异常球函数展开式的系数。

扰动重力的球函数级数展开式如下:

$$
\begin{aligned}
\delta g_\rho=&-\sum_{n=2}^\infty\sum_{k=0}^\infty\frac{n+1}{n-1}\left(\frac{R}{\rho}\right)^{n+2}(a_n^k\cos k\lambda+b_n^k\sin k\lambda)P_n^k(\cos\theta)\\[2mm]
\delta g_\theta=&\cot\theta\sum_{n=2}^\infty\sum_{k=0}^n\frac{n+1}{n-1}\left(\frac{R}{\rho}\right)^{n+2}(a_n^k\cos k\lambda+b_n^k\sin k\lambda)P_n^k(\cos\theta)-\\[2mm]
&\frac{1}{\sin\theta}\sum_{n=2}^\infty\sum_{k=0}^n\frac{n+k}{n-1}\left(\frac{R}{\rho}\right)^{n+2}(a_n^k\cos k\lambda+b_n^k\sin k\lambda)P_{n-1}^k(\cos\theta)\\[2mm]
=&\cot\theta\sum_{n=2}^\infty\sum_{k=0}^n\frac{n}{n-1}\left(\frac{R}{\rho}\right)^{n+2}(a_n^k\cos k\lambda+b_n^k\sin k\lambda)P_n^k(\cos\theta)-\\[2mm]
&\frac{1}{\sin\theta}\sum_{n=1}^\infty\sum_{k=0}^n\frac{n+k+1}{n}\left(\frac{R}{\rho}\right)^{n+2}(a_n^k\cos k\lambda+b_n^k\sin k\lambda)P_{n-1}^k(\cos\theta)\\[2mm]
\delta g_\lambda=&\frac{1}{\sin\theta}\sum_{n=2}^\infty\sum_{k=0}^n\frac{n+1}{n-1}\left(\frac{R}{\rho}\right)^{n+2}(a_n^k\cos k\lambda+b_n^k\sin k\lambda)P_n^k(\cos\theta)
\end{aligned}
\tag{11.46}
$$

11.4　重力归算及重力异常

确定大地水准面形状需要对大地水准面的外部质量提出一些特殊的要求,但是实际的地球表面无法满足这样的严格要求,在这样的情况下,我们需要对实测的重力值和大地水准面周围的质量进行一些调整,以便满足确定大地水准面的条件。本节将主要讨论怎样进行调整即重力归算的方法和归算后的重力异常,并且比较各种方法的改正效果。

11.4.1　重力归算的目的及基本要求

1. 重力归算的目的

在利用斯托克司理论研究地球形状和外部重力场时,我们需要知道大地水准面上的重力值,并且要求大地水准面外部没有质量。但事实上大地水准面外部有大陆存在,重力测量也是在地面或海面上进行的,得到的是地面或海面上的重力值。另外,在地球表面测量的重力 g,不能直接和椭球面上的正常重力 γ 比较,必须将 g 归算到大地水准面上。所以,我们必须将地面或海面上的重力观测值归算到大地水准面上,算出大地水准面上的重力值;另外还需作相应的质量调整,将大地水准面外部的质量去掉,计算由于质量调整而引起的改正,然后再来确定大地水准面形状。但这样的调整必然会导致大地水准面形状的改变,所以我们也将调整后确定的大地水准面称为调整后地球形状。

2. 重力归算的概念及基本要求

所谓重力归算,就是对地球进行相应的质量调整,使地球的全部质量包含在大地水准面的内部,将地球调整以后的影响计算出来,并在重力观测值中加以改正将地球表面的重力观测值归算到大地水准面上,归算方法随地形质量的处理方法不同而有所不同。总的归算步骤是一致的,就是首先将大地水准面外部的地形质量全部去掉,或者移到海水面以下去,然后再将重力站从地面降低到大地水准面上。

重力归算的基本要求是尽量避免改变地球的总质量、质心位置、大地水准面的形状及外部重力场等。评价各种归算方法的效果,主要是评价它们满足基本要求的程度。

11.4.2　空间改正及空间重力异常

空间改正是将海拔高程为 H 的重力点 A 上的重力观测值 g 归算为大地水准面上 A_0 点的重力值。归算时不考虑地面和大地水准面之间的质量,只考虑高程对重力值的改正(图 11.5)。

为了简便起见,在推导空间改正值时,把大地水准面看成是半径为 R 的不旋转的均质圆球,即在重力中不顾及离心力。由于空间改正值很小,这样假设对结果不会产生什么影响。

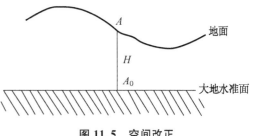

图 11.5　空间改正

在图 11.6 中,假设 A 为地面上某点,A_0 为大地水准面上相应的投影点,A 点的高程为

H，我们要将 A 点的重力加以改正归算到大地水准面上，求出 A_0 点的重力值。

由均值圆球引力公式易得 A 点的 g 和 A_0 点的 g_0，所以 A 点归算到 A_0 的重力改正数为：

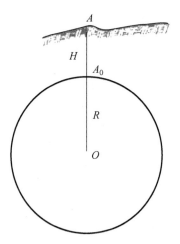

$$\Delta_1 g = g_0 - g = fM\left[\frac{1}{R^2} - \frac{1}{(R+H)^2}\right]$$
$$= fM\left[1 - \frac{1}{\left(1+\frac{H}{R}\right)^2}\right]$$
$$= \gamma_0\left[1 - \left(1 - \frac{2H}{R} + \frac{3H^2}{R^2}\right)\right]$$
$$= 2\gamma_0\frac{H}{R} - 3\gamma_0\left(\frac{H}{R}\right)^2 = 0.308\,6H - 0.72\times10^{-7}H^2$$

（11.47）

图 11.6 地面点与投影点的对应关系

其中，正常重力 γ_0 表示 $\frac{fM}{R^2}$，并将 $\frac{1}{\left(1+\frac{H}{R}\right)^2}$ 展开成级数，取至二次项得到最终结果。

这就是将地面重力值归算到大地水准面上应加的改正数，称为空间改正。将地球的平均重力值 γ_0 和地球的平均半径 R 代入上式，最后求得：

$$\Delta_1 g = 0.308\,6H - 0.72\times10^{-7}H^2 \tag{11.48}$$

式中高程 H 以 m 为单位，$\Delta_1 g$ 以 mGal 为单位。显然高程越高，重力值就越小，当高程相差 3 m 时，空间改正约为 1 mGal。第二项在一般情况下可以不必考虑，但在高程特别大的地区（例如珠穆朗玛峰地区）必须考虑。空间改正可以在事先编好的改正用表中查取，不必计算。

将地面 A 点的重力值 g，加上空间改正 $\Delta_1 g$ 后，再与椭球体上的正常重力 γ_0 相减，得：

$$(g_0 - \gamma_0)_{空} = g + \Delta_1 g - \gamma_0 \tag{11.49}$$

$(g_0 - \gamma_0)_{空}$ 称为空间重力异常。

11.4.3 布格改正及布格重力异常

在空间改正中，没有顾及地面和大地水准面之间的质量对重力的影响。布格改正的目的是把地形质量全部移去，也就是将大地水准面的外部质量移掉。

我们暂时认为通过 A 点的地面和大地水准面都是平面。这样，在 A 点测得的重力 g 受到地面到大地水准面之间的中间层质量的影响。这一中间层的质量对 A 点重力的改正，称为层间改正。

假设层间质量是一个圆柱体，其半径为 a，高为 H。则圆柱体的质量对其上底中心 A 点的引力（不顾及离心力的影响）为（图 11.7）：

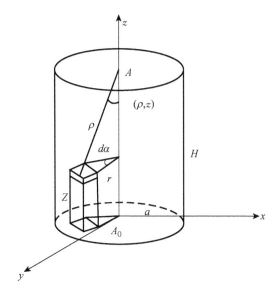

图 11.7　层间改正

$$\Delta_2 g = f \int_\tau \frac{\cos(\rho, z)}{r^2 + (H-z)^2} \mathrm{d}m = f \int_0^{2\pi} \int_0^a \int_0^H \frac{\delta r(H-z)\mathrm{d}z\mathrm{d}r\mathrm{d}a}{\left[r^2 + (H-z)^2\right]^{\frac{3}{2}}} \tag{11.50}$$

$$= 2\pi f \delta (a + H - \sqrt{a^2 + H^2})$$

在顾及圆柱半径 a 要比 H 大得多时,上式的最后一项用级数展开,整理得:

$$\Delta_2 g = 2\pi f \delta \left(H - \frac{1}{2}\frac{H^2}{a}\right) \tag{11.51}$$

这就是层间改正。在一般情况下只要计算括号内的第一项就可以了,只有在高程特别大的地区才顾及第二项。

将 γ 用下列近似关系式代替:

$$\gamma = f \frac{M}{R^2} = \frac{f}{R^2}\frac{4}{3}\pi \delta_m R^3 = \frac{4}{3}\pi f \delta_m R \tag{11.52}$$

其中,γ 为将地球当作均质圆球时的引力,δ_m 为地球的平均密度,R 为地球(当作圆球)的半径。

因此

$$2\pi f = \frac{3}{2}\frac{\gamma}{\delta_m}\frac{1}{R} \tag{11.53}$$

$$\Delta_2 g = \frac{3}{2}\frac{\gamma}{R}\frac{\delta}{\delta_m}H \tag{11.54}$$

将 γ、R 和 δ_m 的数值代入上式后,则得:

$$\Delta_2 g = 0.041\,8\delta H \tag{11.55}$$

式中 H 以 m 为单位,$\Delta_2 g$ 以 mGal 为单位。

现在再来决定这个改正数的符号。从上式可以看出，H 越大，即这个中间层越厚，它对地面上的重力 g 的影响越大。如果没有这部分质量，则重力 g 就不受到这一部分引力的影响，那么它比 g 小，因此层间改正为：

$$\Delta_2 g = -0.041\ 8\delta H \tag{11.56}$$

由于密度 δ 不同，改正数 $\Delta_2 g$ 也就不同，δ 是由构成中间层的岩石种类来决定的，通常采用 $\delta = 2.67$，则层间改正为：

$$\Delta_2 g = -0.111\ 6H \tag{11.57}$$

通常将层间和空间两项改正之和称为布格改正，即

$$\Delta g_{布} = \Delta_1 g + \Delta_2 g \tag{11.58}$$

布格重力异常即为：

$$(g_0 - \gamma_0)_{布} = g + \Delta_1 g + \Delta_2 g - \gamma_0 \tag{11.59}$$

11.4.4 地形改正及经地形改正后的重力异常

在前面我们将地形当作与大地水准面平行的平面事实上存在不合理性，去掉大地水准面外部的质量时，必须考虑地形的实际情况。如图 11.8 所示，设 A 为重力观测点，不完全的布格改正是去掉了过 A 点与大地水准面平行的面和大地水准面之间的一个均匀质量层，要去掉大地水准面外的所有质量，还必须去掉上述水平面上部的质量，补上其下部的空间，与此对应的重力改正叫做局部地形改正，记为 $\Delta_3 g$。

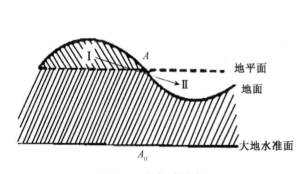

图 11.8 局部地形改正

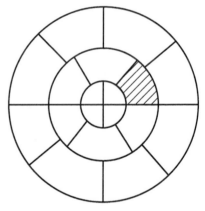

图 11.9 重力观测点周围格子分布

局部地形改正的值 $\Delta_3 g$ 是正的。对于图 11.8 中高出地平面的部分 I 来说，它的引力指向上方，由于它的存在使 A 点的重力减小了，去掉它必然使 A 点的重力增大，所以 $\Delta_3 g$ 取正值；对于图 11.8 中低于地平面的部分 II 来说，该区域内本来没有质量，填进的质量在 A 点的引力指向下方，所以使 A 点的重力增大，$\Delta_3 g$ 也取正值。

在进行局部地形改正计算的时候，由于 $\Delta_3 g$ 的值总是正的，所以我们可以采用累加的方法进行求解。地面的形状是极不规则的，为了计算 $\Delta_3 g$ 我们将地面分成许多小的区域，将每个区域的高程当作常数看待，这样我们可以简单地求出每个小区域对 $\Delta_3 g$ 的贡献，将

它们加起来就得 $\Delta_3 g$。一种划分小区域的方法是围绕重力观测点利用模板将地面通过一系列以重力观测点为中心的圆和辐射线分成许多小格子,如图 11.9 所示,每个小格子相对于重力观测点都是相似的,我们只需求出一个小格子的改正即可,这里就不对小格子的改正计算做介绍了。最后的局部改正可以表示为:

$$\Delta_3 g = \sum_{i=1}^{n} \Delta_3 g_i \text{（其中 } n \text{ 为所划分的格子数）} \tag{11.60}$$

我们通常将 $\Delta_1 g + \Delta_2 g + \Delta_3 g$ 称为完全布格改正,而与其对应的完全布格重力异常为: $(g_0 - \gamma_0)_{布} = g + \Delta_1 g + \Delta_2 g + \Delta_3 g - \gamma_0$。显然,它是将大地水准面外部质量对重力的影响去掉后,再由空间改正将重力归算至大地水准面后得到的重力异常。

另外,我们称 $\Delta_1 g + \Delta_3 g$ 为法耶改正,称 $g_0 - \gamma_0 = g + \Delta_1 g + \Delta_3 g - \gamma_0$ 为法耶重力异常。

11.4.5　地壳均衡改正及均衡重力异常

经过许多年的研究和测量工作发现,大地水准面之下的地壳质量对重力还有一定的影响,这部分质量和地面可见的地形质量可能存在着某种补偿关系,由此逐渐形成了地壳均衡学说。它是人们根据大量的实际观测资料为研究地壳构造而提出来的一种带有假定意义的理论解释。

地壳均衡学说,其代表性的有两种:一种是普拉特地壳均衡学说,如图 11.10 所示,它认为在地面某一深度处有一等压面,由海水面到等压面的距离几乎处处相等,这个等压面被称为抵偿面。该学说将底壳分割成截面相等的柱体,同一个柱体的密度是相等的,不同柱体具有不同的密度,各个柱体的质量是相等的。在山区,柱体密度小些,在海洋柱体的密度就会大些,因此会出现山区高出海底许多的现象。

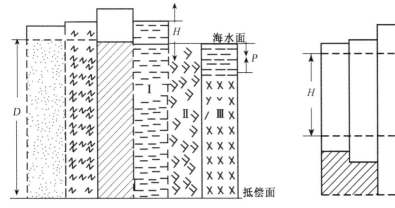

图 11.10　普拉特地壳均衡学说

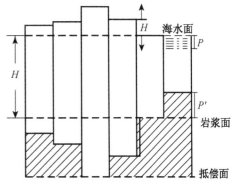

图 11.11　爱黎地壳均衡学说

另一种是爱黎地壳均衡学说,如图 11.11 所示。它认为底壳是由厚度不同的轻岩石组成,各个柱体飘浮在密度较大的岩浆上,并处于均衡状态。各个柱体的密度是一样的,它露出岩浆的部分和它陷入岩浆的部分是对应的,突起部分越高,则陷入部分越深。显然,山区陷入比较深,海洋陷入比较浅,质量的过剩或者不足,是由于各个柱体陷入岩浆部分的高低来抵偿的。

我们可以依据上面介绍的两种方法来计算各个柱体的均衡改正(大陆地区和海洋地区的改正之和),然后相加得到最后的总的均衡改正 $\Delta_4 g$:

$$\Delta_4 g = \sum_{i=1}^{n} \Delta_4 g_i \text{(其中 } n \text{ 为所划分的柱体数)} \tag{11.61}$$

我们称均衡重力异常为:

$$g_0 - \gamma_0 = g + \Delta_1 g + \Delta_2 g + \Delta_3 g + \Delta_4 g - \gamma_0 \tag{11.62}$$

11.4.6 各种重力归算方法的比较原则

重力归算时的原则是:①去掉大地水准面外部的质量;②不改变地球质心的位置;③地球的总质量不变;④不改变大地水准面的形状;⑤不改变地球的外部重力场。

在这里我们首先来说明一下各种归算的物理意义:我们用 g 表示地面上的重力观测值,用 $g_\text{空}$、$g_\text{法}$、$g_\text{布}$、$g_\text{均}$ 分别表示经过空间改正、法耶改正、完全布格改正和均衡改正后得到的大地水准面上的重力值,则与它们相应的质量搬动情况如图 11.12 所示。

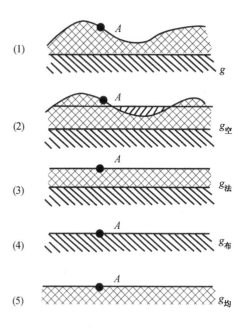

$$g_\text{空} = g + \Delta_1 g$$
$$g_\text{法} = g + \Delta_1 g + \Delta_3 g$$
$$g_\text{布} = g + \Delta_1 g + \Delta_2 g + \Delta_3 g$$
$$g_\text{均} = g + \Delta_1 g + \Delta_2 g + \Delta_3 g + \Delta_4 g$$

图 11.12　各种归算方法比较

在图 11.12 中,(1)表示未进行归算时的情形,没有质量搬动;(2)表示加空间改正后的重力,因为对 A 点的重力加空间改正相当于按 A 下方无质量时的重力梯度将重力值归算至大地水准面,所以不影响 A 下方质量的引力,这就相当于将 A 下方的质量按原来的形状压入大地水准面的下方;(3)表示加上法耶改正后的重力,它是经空间改正后的重力值再加局部地形改正得到的,相当于将 A 点周围地形去除凸出的部分和填平凹下部分,使得 A 点周围成为平坦状态,;(4)表示加上完全布格改正后的重力,它是在法耶改正后的重力值中去掉下方的均匀附加质量层的引力得到的;(5)表示在完全布格改正后的重力值中加上了亏损或过剩的均衡改正得到的重力值。

现在我们来比较一下以上四种重力归算的方法中包含的改正。法耶改正相当于仅考虑了高度和地形起伏的因素影响后将外部质量压缩在大地水准面上成为平面层形式;布格改正相当于将这个平面层的质量排除掉,没有任何补偿,这样自然会使地壳质量不足,因而经过布格改正的重力异常大多是负的;均衡改正是将海水面以外的质量压入海水面以下,而且通过调整地壳内部的密度来抵偿大陆的质量,一般使重力异常减小,而且变化也比较均匀。由于以上几种归算都将地球质量做了一些调整,因此大地水准面都有变形;但是其中布格改正是将质量去掉而无任何补偿,均衡改正是较大地调整了地球外部的物质分布,所以这两种改正使大地水准面变形很大。利用法耶改正和均衡改正,地球总质量不变,但用布格改正则改变了地球总质量。最后,不管哪一种归算都使地球椭球体中心和地球质心不相重合。由此可知,用斯托克司方法研究的不是真正的大地水准面形状,而是调整后的大地水准面形状。

11.5　Moledensky 方法确定地球形状

确定地球形状在重力测量学中即为边值问题,早期斯托克司根据他的理论求出了一般精度的解。随着测量学精度要求的不断提高,斯托克司边值问题的解已经不能满足实际工作的需要,莫洛金斯基提出了新的理论并求出更高精度的边值问题解,对确定地球形状又迈出了突出的一步。

11.5.1　几个基本概念

1. 地面扰动位

地球表面上任一点 P 的扰动位为同一点上的重力位与正常重力位之差,即

$$T_P = W_P - U_P \tag{11.63}$$

2. 高程异常(图 11.13)

布隆斯公式:

$$\zeta = \frac{T_P}{\gamma_Q} \tag{11.64}$$

即得:

$$H = H^\gamma + \zeta \tag{11.65}$$

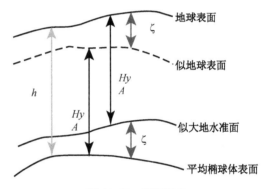

图 11.13　高程异常

3. 似地球表面

由平均椭球体表面起沿正常重力线方向向上量取正常高所得各点连成的封闭曲面。(又叫地形表面)

4. 似大地水准面

由地球表面起沿正常重力线方向向下量取正常高所得各点连成的封闭曲面。似大地水准面不是等位面。

5. 地面扰动重力

地球表面上一点 P 的扰动重力为同一点上的重力值与正常重力值之差(纯重力异常),即

$$\delta g_P = g_P - \gamma_P \tag{11.66}$$

6. 地面重力异常

地面重力异常也有纯重力异常与混合重力异常之分。纯重力异常是地面 A 点的实测重力与同一点的正常重力之差;混合重力异常是与似地球表面相应的 N 点的正常重力之

差。即

$$\Delta g = g_A - \gamma_N \tag{11.67}$$

γ_N 可将椭球体的正常重力 γ_0 归算到似地球表面求得,按空间改正有

$$\gamma_N = \gamma_0 - 0.308\ 6H \tag{11.68}$$

利用地面混合重力异常即可解算地面扰动位。

11.5.2 Molodensky 边值问题

莫洛金斯基定理:若已知某物体的外表曲面 S(不一定是等位面)、物体的总质量 M、物体绕某一固定轴旋转的均匀角速度 ω 和面上任一点相对某一固定点的重力位差值($W - W_0$),则面上及其外部的重力位及重力可唯一确定,即

$$W = f(S, M, \omega, W - W_0) \tag{11.69}$$

上述定理的逆问题:已知某物体的质量 M、旋转角速度 ω 及物体表面上的重力 W_0 和位差($W - W_0$),则要求确定该物体的表面形状 S。该问题通常被称为莫洛金斯基边值问题。

在莫洛金斯基方法中,解算地面扰动位的原理与前面解算大地水准面上扰动位的原理相似,也是解边值问题,边值条件的形式一样,但所用的方法不同,在这里用的是地面的混合重力异常,即地面实测重力和地形表面上相应点的正常重力之差。

地面混合重力异常(不涉及地球质量调整问题)为:

$$(g - \gamma) = (g_A - \gamma_N) = g - (\gamma_0 - 0.308\ 6H) = g - \gamma_0 + 0.308\ 6H \tag{11.70}$$

上式与大地水准面上的空间异常式在数值上完全一样,因此这样计算出来的重力异常可以说是大地水准面上的,也可以说是地面上的。不过两者的概念不同,如果是大地水准面上的重力异常,就有调整地球问题,因此是近似的;如果是地面上的重力异常,就是精确的,因为平均椭球体外没有质量,也就不存在调整问题。

边值条件:这里的边界面是地面,而不是大地水准面。

$$(g - \gamma) = -\frac{2T_A}{\rho} - \frac{\partial T_A}{\partial \rho} \tag{11.71}$$

解算方法:由于地球表面比大地水准面要复杂得多,因此不能像前面那样将地球表面看成球面解算,应根据积分方程用逐次趋近法进行级数解算。

$$
\begin{aligned}
T_A &= T_0 + T_1 + \cdots \\
T_0 &= \frac{1}{4\pi R} \iint_\sigma (g - \gamma) S(\psi) \mathrm{d}\sigma \\
T_1 &= \frac{1}{4\pi R} \iint_\sigma \delta g_1 S(\psi) \mathrm{d}\sigma
\end{aligned}
\tag{11.72}
$$

其中,$S(\psi)$ 为斯托克司函数,R 为平均椭球体的平均半径,$g - \gamma$ 为地面混合重力异常,σ 为球面。

从(11.72)式可以看出,地面扰动位 T_A 是 T_n 的级数式,其中 T_0 项就是把地面看成球面

时的扰动位,它是主项,但实际上地面并非球面,而是起伏较大的复杂曲面,所以要加上改正项 T_1、$T_2 \cdots T_0$ 称为零次逼近公式；$T_0 + T_1$ 称为一次逼近公式；还有两次或更多次的逼近公式。在实际应用中一般采用零次逼近公式,对个别地形起伏很大的地区则采用一次逼近公式。

比较一下确定地球形状的方法与确定大地水准面形状的方法可以看出,在理论上前者要比后者严密,后者避免不了归算问题,毕竟是近似的。但在实践中前者要求有更多的重力和地形测量资料,因此往往不能很准确地计算 T_1、T_2 项,也就得不出很好的结果,同时在平原地区两者差别并不大,所以目前这种方法在实际应用中还在研究探讨阶段。

第 12 章　地球重力场的应用

在现代大地测量学的发展中,地球重力场的理论与应用研究是最活跃的学科领域之一。因为地球重力场是地球的一个物理特性,是地球物质分布和地球旋转运动信息的综合效应,并制约着地球本身及其邻近空间的一切物理事件。因此,确定地球重力场的精细结构及其随时间的变化,不仅为大地测量学中定位与描述地球表层及其内部的形态,同时也为现代地球科学中解决人类面临的资源、环境和灾害等紧迫性课题,提供基础地球物理空间信息。由此可见,地球重力场研究也是地球科学的一项基础性任务。大地测量学、地球物理学、地球动力学、大气科学和海洋学以及军事科学等相关学科的发展,均迫切需要地球重力场的支持。本章将着重分析地球重力场在测绘、地球、军事等科学领域的应用问题。

12.1　地球重力场与测绘科学

地球重力场是反映地球物质分布特征的物理场,制约着地球及其空间任何物体的运动,与空间技术发展密切相关,是建设数字地球或数字中国的基础物理场信息。建立地理空间基础框架的核心是定位。

12.1.1　在经典大地测量中的作用

在经典大地测量中,地球重力场对大地测量相对定位起辅助性作用,一般对重力场的参数要求不高,主要应用于:

1. 确定参考椭球及其定位

确定参考椭球及其定位包括三方面:选择或求定椭球的几何参数(长短半径)、确定椭球的中心位置(定位)、确定椭球短轴的指向(定向)。确定参考椭球及其定位只要求有米级精度的高程异常(或大地水准面高)。

2. 地面观测数据归算到参考椭球面上

将地面观测数据归算到参考椭球面上包括两方面:方向观测值的归算和边长观测值的归算。方向观测值归算时,首先将方向观测值从地面归算到椭球面上,需加入三差改正(即垂线偏差改正、标高差改正和截面差改正),然后将方向观测值从椭球面归算到高斯面上,需加入精密改正;边长观测值归算时,首先将边长观测值从地面归算到椭球面上,需加入气象改正、倾斜改正、投影改正等,然后再从椭球面归算到高斯面上,需加入投影改正。

对于地面观测数据的归算,一般对地球重力场参数的要求不高,如将地面观测数据归算到参考椭球面上只需要 ±2″ 精度的垂线偏差和 ±3 m 的高程异常精度。

3. 精密水准测量的地球重力场改正

高差改正时,首先进行 EDM 高差计算,需加入球气差改正;然后进行水准高差计算,需加入水准标尺每米间隔真长改正、正常水准面不平行改正和重力异常改正,此时加重力改正对一般地区只要求沿水准路线以 20 km 左右间距测定重力。

12.1.2 在现代大地测量中的作用

在现代大地测量中,精密的地球重力场信息在空间大地测量中起关键性作用,主要应用于:

1. 实现卫星精密定轨

卫星定位精度取决于卫星定轨精度。地球重力场是低轨卫星受力的主要来源,卫星精密定轨必须有精细的地球重力场模型支持才能实现,地球重力场模型精度的改善相应地可以提高卫星定轨的精度。

2. 建立全国或区域统一的高程基准

众多空间地理信息的获取都需要有精确的大地水准面或似大地水准面,例如水利工程、灾害预测和评估、测绘各种比例尺地图、地壳形变监测和海平面变化监测等都有这样的要求,这就必须建立全球或全国或区域统一的高程基准。因此,精细的地球重力场信息是建立地理空间基准所必需的基础物理场信息。在精化了区域似大地水准面后,便可以真正实现GPS 三维定位。

似大地水准面精化的关键之一是研制大地水准面模型。我国自 20 世纪 50 年代以来,先后建立了 CLQG60、WZD94 和 CQG2000 大地水准面模型。其中 CQG2000 模型的分辨率为 $5' \times 5'$,高程异常总体精度为 ± 0.36 m。从测绘生产的应用看,CQG2000 基本上可以满足西部地区中小比例尺高程精度需求,但对中、东部经济发达地区大比例尺地形图测绘分辨率(2~5 km)和精度(1~2 cm)的要求有较大差距。在此之前,必须率先建立高分辨率、高精度的省市级大地水准面模型。

精化方法及技术模式如图 12.1 所示。

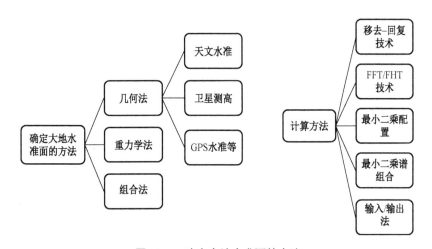

图 12.1 确定大地水准面的方法

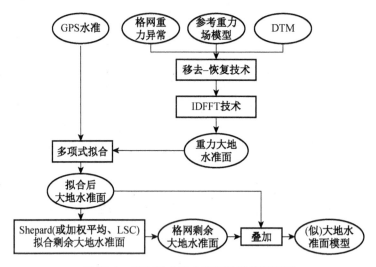

图 12.2 省市级大地水准面的计算流程图

主要省市大地水准面简介(图 12.2):

(1) 江苏省似大地水准面模型(图 12.3)

为研制江苏省高精度似大地水准面模型,建立了江苏省 C 级 GPS 控制网,该网包括框架网和基本网两部分,共由 472 个控制点组成,其中框架网 6 个点,基本网 466 个点。利用已有的二等水准点、国家高精度 GPS(A、B 级)网点、中国地壳运动观测网点及三角点等各类控制点 358 个,新埋点 114 个。

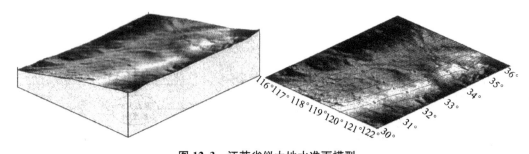

图 12.3 江苏省似大地水准面模型

(2) 深圳市似大地水准面模型

为了适应深圳市经济建设与科技高速发展的需要,深圳市规划与国土资源局于 2000 年立项建立深圳市 1 km 分辨率的厘米级似大地水准面。为此,深圳市规划与国土资源局委托武汉大学、国家测绘局第一大地测量队等 8 个单位于 2001 年完成了深圳特区高精度 GPS 水准测量、1 km 分辨率的陆地和海洋重力的数据采集任务。利用深圳市 65 个实测高精度 GPS 水准数据、5 213 个实测重力点数据、100 m 分辨率的数字地形模型和 WDM94 地球重力场模型,采用移去-恢复原理和 IDFFT 技术计算了深圳市 1 km 格网似大地水准面模型 SZGEOID-2000。该大地水准面的覆盖范围为:在深圳格网坐标下,南北方向为 8 km 至 60 km,东西方向为 79 km 至 179 km。29 个独立高精度 GPS 水准数据的检核结果表明,深圳市 1 km 格网似大地水准面和似大地水准面高差的精度(标准差)分别为 ±0.014 m 和 ±0.019 m,其精度总体上优于 1 ppm。SZGEOID-2000 的实际精度和分辨率略优于

HKGEOID-2000，是迄今为止我国省市级大地水准面模型中精度和分辨率最高的(图 12.4)。

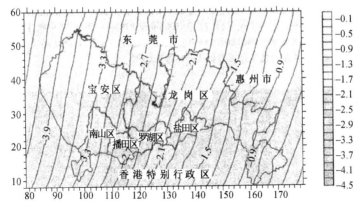

图 12.4　深圳市似大地水准面模型 SZGEOID-2000

3. 在精密工程测量中的作用

(1) 考虑地球重力场非均匀性的影响，施加观测值改正。

一般由于工程测量的范围往往较小，而将测区的重力场看成是均匀的和不变的，对于高精度工程，地球重力场非均匀性的影响会超出观测的允许误差，必须进行相应的改正。

(2) 应用微重力测量进行工程建筑内部或地下安全性探测。

精密水准测量虽是监测高程变化(垂直运动)的最好方法之一，但在困难地区(高山区、沙漠区等)无法实施，且不能测量绝对运动，结果还得受重力场影响。

GPS 技术虽优点众多，但 GPS 定位测定的绝对高程精度误差可达厘米级，而且只是纯几何高程，还不能得到地球内部物质运动信息。GPS 水平变形监测点分布图如图 12.5 所示。

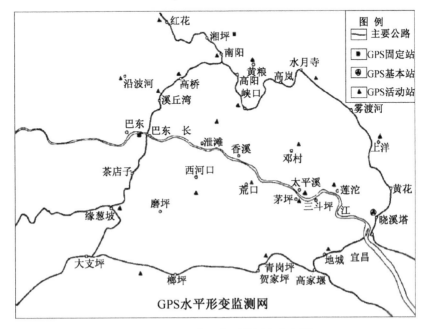

图 12.5　GPS 水平变形监测点分布图

目前,绝对重力测量的精度已达到微伽级,如 FG5 绝对重力仪的精度为 1～2 mGal,它可监测 0.3～0.6 mm 的高程变化,因此,利用重力变化可以较准确地预测高程变化的趋势。

典型应用:利用高精度重力测量进行垂直运动监测。

"长沙三峡工程"地壳形变监测网,正是将高精度的水准网、GPS 网、重力网同时布设在三峡库区,通过对该地区三维运动图像的互补描述,综合分析三峡库区的地壳构造在蓄水前后的形变特征和运动方向。重力的加入不但精化了 GPS 点的垂向结果,而且对解释其机制有重要作用。如图 12.6 所示。

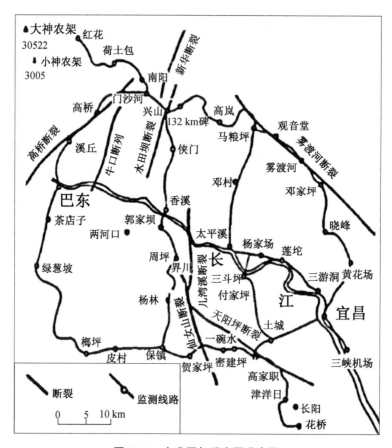

图 12.6 水准网与重力网分布图

12.2 地球重力场与地球科学

地球重力场结构是地球物质密度分布的直接映象,精细的重力异常分布和大地水准面起伏可应用于地球岩石团及其深部构造和动力学的研究。

12.2.1 在研究地球内部密度分布与结构中的作用

重力数据是最为直接和敏感的量,而且地球重力场受外界干扰小,相对比较稳定,观测数据也容易迅速获得。用重力反演地球内部密度结构可以使用两种重力资料,一种是重力异常,它对浅部或短波长的密度或质量异常的反应灵敏,往往被用于研究地球浅层构造或岩石层的密度分布和力学特征;另一种是大地水准面差距,它对深部或长波长的密度或质量异常的反映比较敏感,往往被用于地球探矿或地幔的密度和质量异常的研究。

12.2.2　在研究地球物理与地球动力学中的作用

用地球重力场研究地球物理与地球动力学问题,包括重力场的时空两方面的变化规律的研究,在空间上有全球性和局部性的,在时间上有长期和短期的。由板块运动、地幔对流、地球自转速度变化和极移、核幔起伏等引起的质量重新分布而导致的重力场变化在空间上是全球性的或大尺度的,在时间上是长期和缓慢的。由地球浅层的一些局部地球物理或动力学事件,如地壳隆起、断层运动、地震、火山孕育等引起的质量运动而导致的重力场变化在空间上是局部的、在时间上是短期和动态的。对全球性的地球各种变化应该通过全球重力场进行研究。利用局部重力场随时间变化的检测,结合对不同局部地球内部动力学过程的重力效应的理论模拟,以及现代地壳运动,可以了解局部地球的力学过程和机制,研究地震预报、火山喷发及防灾减灾等,所以地球重力场的众多数据是研究岩石圈及其深部构造和动力学过程的重要样本。精细的地球重力场结构对于弄清楚当前岩石圆和地幔动力学研究中的一系列问题有很重要的作用。

12.3　地球重力场与军事科学

卫星、导弹、航天飞机和行星际宇宙探测器等空间飞行器的发射、制导、跟踪、调控以及返回都需要两类基本大地测量信息的保障:一是精密的地球参考框架及地面点(如发射点和跟踪站)在该框架中的精确定位;二是精密的地球重力场模型和地面点的重力场参量(如重力异常和垂线偏差等)。因此,高精度、高分辨率的地球重力场信息在军事科学中发挥着重要作用。

12.3.1　在空间飞行器的轨道设计与轨道确定方面的作用

据《远程火箭精度分析与评估》一书介绍:在影响远程火箭飞行弹道的飞行环境因素中,地球外部空间扰动引力场是一个重要的因素。对只使用惯性制导系统的远程弹道式火箭,重力异常一般将引起数百米至数千米的命中误差,约为射程的万分之几。因此,对弹道计算、预测、控制的精度要求高于万分之几时,必须考虑重力异常对弹道的影响。

对于自由飞行中的导弹而言,其弹道的摄动力主要有地球重力场、大气阻力、日月引力、潮汐力(地球、海洋和大气)及太阳辐射压等,其中地球重力场是决定弹道轨迹最主要的力源。自由弹道与地球重力场的关系就是卫星轨道动力方程。对于 500 km 高度自由飞行的导弹,表 12.1 给出了由不同摄动力引起弹道偏离正常轨迹的累计位置偏差。

从表 12.1 可以看出,仅 2 阶引力场摄动力一项就是其他所有非引力场摄动力之和的数千倍之多,即使是 6 阶引力场摄动也是其他所有非引力场摄动力之和的数倍。因此,必须纠正导弹飞行中由于地球引力摄动力引起的弹道偏离正常轨道的位置偏差。这里高精度重力场模型可以大幅度提高导弹攻击时的射程参数计算精度,从而提高导弹的命中精度。图 12.7、图 12.8 分别为长剑系列巡航导弹和东风系列弹道导弹。

表 12.1　不同摄动力引起弹道偏离正常轨道的位置偏差

摄动项	摄动加速度 (mm/s^2)	弹道随时间积累偏离正常轨迹的位置偏差/mm			
		1 s	5 s	10 s	60 s
J_2	11.000 00	5.30	130.00	530.00	19 000.00
J_{22}	0.061 00	0.03	0.76	3.10	110.0
J_{66}	0.009 10	0.00	0.11	0.45	16.0
$J_{1\,818}$	0.000 74	0.00	0.01	0.04	1.30
太阳辐射压	0.000 06	0.00	0.00	0.00	0.11
大气阻力	0.001 30	0.00	0.02	0.07	2.40
太阳引力	0.000 55	0.00	0.01	0.03	0.99
月亮引力	0.000 12	0.00	0.01	0.06	2.10

图 12.7　长剑系列巡航导弹

图 12.8　东风系列弹道导弹

12.3.2　在提高陆基远程战略武器与水下流动战略武器的打击精度方面的作用

洲际导弹是当今主要的战略武器,影响落点精度的主要因素是扰动重力场,包括扰动重力和垂线偏差。扰动重力对 10 000～15 000 km 的射程可产生 1～2 km 的落点偏差,对 3 000～5 000 km 的中远程导弹可产生 200～500 m 的落点偏差。发射点的垂线偏差在这一射程上也可产生 1 km 左右的落点偏差。发射方位角 5″的偏差对 10 000 km 射程也可产生约 200 m 的落点偏差。为了提高导弹的制导和命中精度,不论在导弹的主动段(火箭推动段)和被动段(弹头离箭段)都必须给制导系统输入扰动重力场参数以校正对预定轨道的偏离,这需要依靠在制导计算机中存入已知的精密地球重力场模型和发射方位角来实现。

　　惯性导航中最核心的传感器是一组陀螺仪和加速度计,一般安装在空间固定的平台上或者固定在载体上,可用于汽车、电机及导弹或者潜艇导航。利用高精度重力场模型可以计算地球重力场对载体的扰动影响,可应用于惯性导航系统(INS)中惯性加速度和重力加速度的分离,从而改善惯性导航的性能。目前,重力仪与惯性导航系统相结合已用于大幅度提高水下设备自主导航的精度,特别是在海洋军事技术中具有较好的应用前景。

下篇　重力测量复习思考题

第7章

1. 重力测量的主要任务是什么？
2. 为什么要研究和确定地球重力场？
3. 重力测量的学科内容有哪些？

第8章

1. 给出重力的定义及单位。
2. 重力测量的方式有哪些？目前有哪些重力测量技术？
3. 简述利用自由落体测定绝对重力的基本原理。
4. 简述利用振摆测定绝对重力和相对重力的基本原理。
5. 简述利用垂直型弹簧重力仪测定相对重力的基本原理。
6. 什么是零飘？在重力测量中如何消除零飘？
7. 陆地重力测量主要受哪些因素的影响？
8. 重力测量数据处理包括哪些内容？
9. 简述重力测量技术的主要进展。
10. 什么是重力基准？我国历史上采用了哪些重力基准？

第9章

1. 给出引力位函数的定义及物理意义。
2. 什么叫边值问题、外部边值问题和内部边值问题？
3. 什么叫混合边界条件、正则性条件？正则性条件的作用是什么？
4. 地球引力位有何性质？
5. 给出重力位的定义及性质。
6. 给出离心力位的定义及性质，试问离心力位等位面 $\varphi = c$ 是什么形状？
7. 什么是调和函数？并证明质体(密度连续)引力位是调和函数。
8. 什么是球谐函数、面球谐函数、带球谐函数？
9. 给出 Stokes 定理和 Stokes 问题的陈述。

第 10 章

1. 引进正常重力场的目的是什么？建立正常重力场时有哪些基本要求（或假设）？
2. 地球引力位的球函数展开式中零阶项、一阶项和二阶项的物理意义是什么？
3. 什么叫水准椭球、正常椭球、平均椭球？
4. 基于 Stokes 方法和 Laplace 方法确定正常重力场有何区别？
5. 写出正常位、正常重力在球近似下的展开式。
6. 正常重力场有何性质？
7. 正常重力位和正常重力由那些参数来确定？
8. 基于 Laplace 方法如何确定正常重力场？
9. 基于 Stokes 方法如何确定正常重力场？

第 11 章

1. 简述大地水准面的定义及性质。
2. 扰动位的定义是什么？在确定地球重力场中有何作用？
3. 给出扰动重力与重力扰动的定义，并比较它们之间的异同。
4. 什么叫重力异常？推导重力异常与扰动位的关系式（重力测量基本微分方程）。
5. 什么叫重力垂线偏差？说明几种不同定义的差异。
6. 已知大地水准面上的重力异常或扰动重力，如何求解大地水准面高？
7. 为什么要进行重力归算？
8. 什么叫空间改正？其物理解释是什么？
9. 地形改正的作用是什么？为什么地形改正总为正值？
10. 层间改正的物理意义与计算公式是什么？
11. 什么叫布格改正、布格重力异常和法耶重力异常？
12. 给出均衡改正的定义及物理意义。
13. 如何评价重力归算方法的优劣？
14. 均衡改正与布格改正有什么不同？
15. 哪种重力归算方法最符合 Stokes 理论？哪种重力归算方法对地球形状与外部重力场的影响最小？
16. 为什么水准测量高程具有多值性？
17. 给出正高、正常高、力高的定义及其与水准测量高程之间的关系。
18. 什么是似大地水准面？它是否为等位面？
19. 什么是高程异常？并推导高程异常与扰动位之间的关系。
20. 大地水准面上的重力异常与地面上的重力异常有何异同？
21. 比较 Molodensky 边值问题与 Stokes 边值问题的区别。

第 12 章

1. 地球重力场在国防与军事科学中有何作用？
2. 地球重力场在相关地球科学中有何作用？
3. 地球重力场在测绘科学中有何作用？
4. 什么是 GPS 水准测量？在大地水准面精化中有何作用？
5. 确定大地水准面的主要方法有哪些？
6. 确定高精度高分辨率大地水准面有何意义？

附录 1　球面三角基本公式

1.1　球面三角基础知识

球面三角就是研究球面三角形的解法,即根据球面三角形的已知边和角来求解其他未知元素。球面三角在天文学,特别是天文——大地测量中一直以来有着广泛的应用。

1.1.1　弧度

在球面三角形中,常用到角度和圆弧的度量关系。从平面三角形中我们知道:一圆周的 1/360 叫做一度的弧,一度弧的 1/60 叫做一角分的弧,一角分弧的 1/60 叫做一角秒的弧。根据弧和所对圆心角的关系,可以得出角的量度:一圆周所对的圆心角为 360°,因此 1 度的弧所对的圆心角叫做 1°,1 角分的弧所对的圆心角叫做 1′,1 角秒的弧所对的圆心角叫做 1″。

$$1° = 60′$$
$$1′ = 60″$$

我们把长度和半径相等的圆弧所对的圆心角,叫做 1 弧度(rad)。由于一圆周的长度等于 2π 个圆半径的弧长,根据以上弧度的定义,得到弧度和度的关系如下:

$$2\pi\,\mathrm{rad} = 360°$$
$$1\,\mathrm{rad} = \frac{360°}{2\pi} = 57.3° = 3\,438′ = 206\,280″$$

或者

$$1° = \frac{1}{57.3}\,\mathrm{rad}$$
$$1′ = \left(\frac{1}{60}\right)° = \frac{1}{3\,438}\,\mathrm{rad}$$
$$1″ = \left(\frac{1}{60}\right)′ = \frac{1}{206\,280}\,\mathrm{rad}$$

如果一个角的值以弧度表示时为 θ,那么以度表示时其值为 $57.3°\times\theta$;以角分表示时为 $3\,438′\times\theta$;以角秒表示时为 $206\,280″\times\theta$。为了方便起见,我们用符号 $\theta°,\theta′,\theta″$ 表示一个角的度数、角分数、角秒数($\theta° = 57.3°\theta, \theta′ = 3\,438′\theta, \theta″ = 206\,280″\theta$)。

当角度很小时,角度的正弦或正切常可以近似地用它所对的弧来表示:

$$\sin\theta′ \approx \tan\theta′ \approx \theta′ = \frac{\theta}{206\,280} = \theta\sin 1″$$

1.1.2 球面上的圆与极

从立体几何学得知,通过球心的平面截球面所得的截口是一个圆,叫做大圆;不通过球心的平面截球面所得的截口也是一个圆,叫做小圆。通过球面上不在同一直径两端的两个点,能做并且只能做一个大圆。

如图 F1.1 所示,通过任意两点 A 和 B,仅可以做一个大圆 ABC。A、B 两点间的大圆弧(小于 180° 的那段弧)可以用线长,也可以用角度计量,在天文上常用角度来计量,叫做 A、B 间的角距,记为 $\overset{\frown}{AB}$,它等于大圆弧 $\overset{\frown}{AB}$ 所对的中心角 $\angle AOB$。

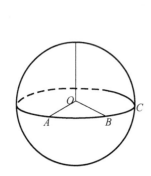

图 F1.1 经过 A、B 两点做一个大圆

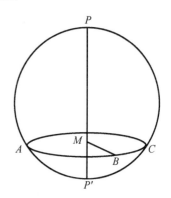

图 F1.2 球面上圆的极

如图 F1.2 所示,设 $\overset{\frown}{ABC}$ 为球面上的一个任意圆,它所在的平面为 MABC,又设 PP′ 为垂直于平面 MABC 的球直径,则它的两个端点 P 和 P′ 叫做圆 $\overset{\frown}{ABC}$ 的极。定义垂直于球面上一个已知圆(不论大圆或小圆)所在平面的球直径的端点,叫做这个圆的极。

球面上某一个圆的极和这个圆上任一点的角距,叫做极距。可以证明,极到圆上各点的角距都是相等的;如果所讨论的圆是一个大圆的话,则极距为 90°。

1.1.3 球面角

两个大圆弧相交所成的角,叫做球面角;它们的交点叫做球面角的顶点;大圆弧本身叫做球面角的边。图 F1.3 绘出了两个相交的大圆弧 $\overset{\frown}{PA}$ 和 $\overset{\frown}{PB}$,O 为球心,$\overset{\frown}{PA}$ 所在的平面为 POA,$\overset{\frown}{PB}$ 所在的平面为 POB,两者的交线为 OP。球面角 $\angle APB$ 用平面 POA 和平面 POB 所构成的二面角来量度。在图 F1.3 中做以 P 为极的大圆 $\overset{\frown}{QQ'}$,设 $\overset{\frown}{PA}$(或其延线)和 $\overset{\frown}{QQ'}$ 相交于 A′,$\overset{\frown}{PB}$(或其延线)和 $\overset{\frown}{QQ'}$ 相交于 B′,则由于 P 为 $\overset{\frown}{QQ'}$ 的极,所以 OP 垂直于平面 QQ′,因而也垂直于 OA′ 和 OB′,所以 $\angle A'OB'$ 就是平面 POA 和 POB 所构成的二面角。即:球面角 $\angle APB$ 可以用 $\angle A'OB'$ 量度,又因为 $\angle A'OB'$ 可以用 $\overset{\frown}{A'B'}$ 量度,所以最后得到的球面角 $\angle APB$ 是以 $\overset{\frown}{A'B'}$ 量度的。

从上面的讨论可以概括出下述结论:如果以球面角的顶点为极作大圆,则球面角的边或其延长线在这个大圆上所截取的那个弧段便是球面角的数值。

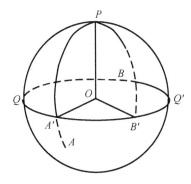

图 F1.3　球面角的量度

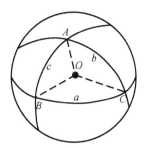

图 F1.4　球面三角形

1.1.4　球面三角形

球面上圆心在球心的三个大圆弧所围成的闭合图形,叫做球面三角形。这三个大圆弧叫做球面三角形的边,通常用小写字母 a、b、c 来表示;各大圆弧所交成的角称为球面角,通常用大写字母 A、B、C 来表示。球面三角形的三个边和三个角统称为球面三角形的六个元素,如图 F1.4 所示。

将球面三角形 ABC 的各个顶点与球心 O 连接,就构成球心三面角 O-ABC,由于大圆的中心角与其所对的弧同度,故有:

$$a = \angle BOC \quad b = \angle AOC \quad c = \angle AOB$$

1.1.5　极三角形

设球面三角形 ABC 各边 a、b、c 的极分别为 A'、B'、C'(如图 F1.5),并设弧 $\overset{\frown}{AA'}$、$\overset{\frown}{BB'}$、$\overset{\frown}{CC'}$ 都小于 $90°$,则由通过 A'、B'、C' 的大圆弧构成的球面三角形 $A'B'C'$ 叫做原球面三角形的极三角形。

极三角形和原三角形有着非常密切的关系,这种关系存在着两条定理。

定理 1:如果一球面三角形为另一球面三角形的极三角形,则另一球面三角形也为这一球面三角形的极三角形。这条定理很容易证明,请读者自证。

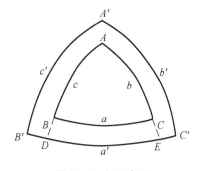

图 F1.5　极三角形

定理 2:极三角形的边和原三角形的对应角互补;极三角形的角和原三角形的对应边互补。证明:B' 是 b 的极(图 F1.5),C' 是 c 的极,所以有:

$$B'E = C'D = 90°$$
$$B'E + C'D = 180°$$

即

$$B'C' + DE = 180°$$

由定理 1 知,A 是 $B'C'$ 的极,故有 $DE = A$,将此式以及 $\overset{\frown}{B'C'} = a'$ 代入上式,得:

$$a' + A = 180° \tag{1-1}$$

(1-1)式即定理2的前半部分的证明,定理2的后半部分不需证明,因为它是定理1和定理2的前半部分的一个推论。

1.2 球面三角的边和角的基本性质

1. 球面三角形两边之和大于第三边。

证明:将球面三角形 ABC 的顶点和球心 O 连接起来(如图 F1.6),由立体几何知:三面角的两个面角之和大于第三个面角,即 $\angle AOB + \angle BOC > \angle AOC$,故 $c + a > b$。同理 $a + b > c, b + c > a$。

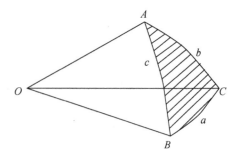

图 F1.6 球面三角形两边之和大于第三边

推理:球面三角形两边之差小于第三边。

2. 球面三角形三边之和大于 $0°$ 而小于 $360°$。

证明:因为 a, b, c 均为正,故 $a + b + c > 0°$。又由立体几何知:凸多面角各面角之和小于 $360°$,因此 $\angle AOB + \angle BOC + \angle COA < 360°$,所以 $0° < a + b + c < 360°$。

3. 球面三角形三角之和大于 $180°$ 而小于 $540°$。

证明:由极三角形和原三角形的关系得:

$$a' + A = 180° \quad b' + B = 180° \quad c' + C = 180°$$

即

$$A + B + C = 540° - (a' + b' + c')$$

由性质2得:

$$0° < a' + b' + c' < 360°$$

所以

$$180° < A + B + C < 540°$$

除了上述三个基本性质以外,还有两个重要的基本性质,对于这两个性质,我们只写出结果,而不给出证明。

4. 若球面三角形的两边相等,则这两边的对角也相等;反之,若两角相等,则这两角的对边也相等。

5. 在球面三角形中,大角对大边,大边对大角。

1.3 球面三角的基本公式

1.3.1 斜球面三角形

(一) 正弦公式

如图 F1.7 所示,在球面三角形 ABC 中作球心三面角 O-ABC,过球面三角形的一个顶

点 A 向平面 BOC 作垂线 AM，垂足为 M，在平面 BOC 内作 $MN \perp OB$，$MK \perp OC$，显然 $AM \perp MN$，$AM \perp MK$，连接 AN 及 AK，则 $OB \perp AN$，$OC \perp AK$。

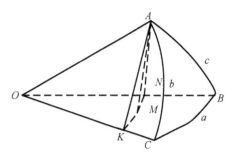

图 F1.7　推导正弦公式图

由于球面角与其所对应的二面角同度，故有：

$$\angle ANM = B \quad \angle AKM = C$$

又 $\angle BOC = a \quad \angle AOC = b \quad \angle AOB = c$

故由图 F1.7 可知：

$$AM = AK \sin C = OA \sin b \sin C$$
$$AM = AN \sin B = OA \sin c \sin B$$

则

$$\sin b \sin C = \sin c \sin B$$

即

$$\frac{\sin b}{\sin B} = \frac{\sin c}{\sin C}$$

同理可证：

$$\frac{\sin a}{\sin A} = \frac{\sin b}{\sin B}$$

把上面两式合在一起，即为正弦公式：

$$\frac{\sin a}{\sin A} = \frac{\sin b}{\sin B} = \frac{\sin c}{\sin C} \tag{1-2}$$

(1-2)式即为正弦公式，文字表述为：球面三角形各边的正弦和对角的正弦成正比。

(二) 余弦公式

1. 边的余弦公式

如图 F1.8 所示，取球面三角形 ABC，将各顶点与球心 O 连接，可得一球心三面角 $O\text{-}ABC$。过顶点 A 作 b、c 边的切线，分别交 OC、OB 的延长线于点 N、M，由此得到两个平面直角三角形 OAM、OAN 和两个平面普通三角形 OMN、AMN。

在平面三角形 OMN 中，运用平面三角的余弦定理，得：

$$MN^2 = OM^2 + ON^2 - 2OM \cdot ON \cos a$$

同理，在平面 $\triangle AMN$ 中

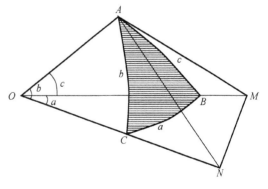

图 F1.8　推导余弦公式图

171

$$MN^2 = AM^2 + AN^2 - 2AM \cdot AN \cos A$$

因此

$$OM^2 + ON^2 - 2OM \cdot ON \cos a = AM^2 + AN^2 - 2AM \cdot AN \cos A$$

即

$$2OM \cdot ON \cos a = (ON^2 - AN^2) + (OM^2 - AM^2) + 2AM \cdot AN \cos A$$
$$= OA^2 + OA^2 + 2AM \cdot AN \cos A$$

或

$$\cos a = \frac{OA}{ON} \cdot \frac{OA}{OM} + \frac{AN}{ON} \cdot \frac{AM}{OM} \cdot \cos A$$

将 $\dfrac{OA}{ON} = \cos b, \dfrac{OA}{OM} = \cos c, \dfrac{AN}{ON} = \sin b, \dfrac{AM}{OM} = \sin c$ 代入上式,得:

$$\cos a = \cos b \cos c + \sin b \sin c \cos A \qquad (1-3)$$

(1-3)式是 a 边的余弦公式,同理可得 b 边和 c 边的余弦公式:

$$\cos b = \cos c \cos a + \sin c \sin a \cos B \qquad (1-4)$$

$$\cos c = \cos a \cos b + \sin a \sin b \cos C \qquad (1-5)$$

(1-3)式、(1-4)式、(1-5)式统称为边的余弦公式,用文字表述为:球面三角形任一边的余弦等于其他两边余弦的乘积加上这两边的正弦及其夹角余弦的连乘积。

2. 角的余弦公式

设球面三角形 ABC 的极三角形为 $A'B'C'$,则按照(1-3)式有

$$\cos a' = \cos b' \cos c' + \sin b' \sin c' \cos A'$$

又因为

$$a' = 180° - A \quad b' = 180° - B$$
$$c' = 180° - C \quad A' = 180° - a$$

故上式可化为

$$\cos A = -\cos B \cos C + \sin B \sin C \cos a \qquad (1-6)$$

(1-6)式是角 A 的余弦公式,同理可得角 B 和角 C 的余弦公式:

$$\cos B = -\cos C \cos A + \sin C \sin A \cos b \qquad (1-7)$$

$$\cos C = -\cos A \cos B + \sin A \sin B \cos c \qquad (1-8)$$

(1-6)式、(1-7)式、(1-8)式统称为角的余弦公式,用文字表述为:球面三角形任一角的余弦等于其他两角余弦的乘积冠以负号加上这两角的正弦及其夹边余弦的连乘积。

(三) 五元素公式

1. 第一五元素公式

由边的余弦公式(1-3)、(1-4)得:

$$\cos a = \cos b \cos c + \sin b \sin c \cos A$$
$$\cos b = \cos c \cos a + \sin c \sin a \cos B$$

(1-4)式可改写为：

$$\sin c \sin a \cos B = \cos b - \cos c \cos a$$

将(1-3)式代入上式右边，得：

$$\sin c \sin a \cos B = \cos b - \cos c (\cos b \cos c + \sin b \sin c \cos A)$$
$$= \cos b - \cos b \cos{}^2 c - \sin b \sin c \cos c \cos A$$
$$= \cos b \sin{}^2 c - \sin b \sin c \cos c \cos A$$

上式两端除以 $\sin c$，得：

$$\sin a \cos B = \sin c \cos b - \cos c \sin b \cos A \tag{1-9}$$

同理可得：

$$\sin a \cos C = \sin b \cos c - \cos b \sin c \cos A \tag{1-10}$$

$$\sin b \cos C = \sin a \cos c - \cos a \sin c \cos B \tag{1-11}$$

$$\sin b \cos A = \sin c \cos a - \cos c \sin a \cos B \tag{1-12}$$

$$\sin c \cos A = \sin b \cos a - \cos b \sin a \cos C \tag{1-13}$$

$$\sin c \cos B = \sin a \cos b - \cos a \sin b \cos C \tag{1-14}$$

(1-9)～(1-14)式均称为第一五元素公式。

2. 第二五元素公式

根据定理 2 中极三角形和原三角形的关系，可以导出下列几个公式：

$$\sin A \cos b = \sin C \cos B + \cos C \sin B \cos a \tag{1-15}$$

$$\sin A \cos c = \sin B \cos C + \cos B \sin C \cos a \tag{1-16}$$

$$\sin B \cos c = \sin A \cos C + \cos A \sin C \cos b \tag{1-17}$$

$$\sin B \cos a = \sin C \cos A + \cos C \sin A \cos b \tag{1-18}$$

$$\sin C \cos a = \sin B \cos A + \cos B \sin A \cos c \tag{1-19}$$

$$\sin C \cos b = \sin A \cos B + \cos A \sin B \cos c \tag{1-20}$$

(1-15)～(1-20)式均称为第二五元素公式。

(四) 四元素公式

将第一五元素公式和正弦公式联合起来，可以导出球面三角形中相邻的四个元素的关系式，即四元素公式，亦称为余切公式。

$$\cot A \sin B = \cot a \sin c - \cos c \cos B \tag{1-21}$$

$$\cot A \sin C = \cot a \sin b - \cos b \cos C \tag{1-22}$$

$$\cot B \sin C = \cot b \sin a - \cos a \cos C \qquad (1-23)$$

$$\cot B \sin A = \cot b \sin c - \cos c \cos A \qquad (1-24)$$

$$\cot C \sin A = \cot c \sin b - \cos b \cos A \qquad (1-25)$$

$$\cot C \sin B = \cot c \sin a - \cos a \cos B \qquad (1-26)$$

(1-21)~(1-26)式均称为四元素公式。

1.3.2 直角球面三角形

球面三角形中一个角等于90°叫做直角球面三角形。设在球面三角形 ABC 中，$\angle C = 90°$，如图 F1.9 所示，于是 $\cos C = 0$，$\sin C = 1$，代入以上各公式，经过适当的变换，可得下列常用的直角球面三角形公式：

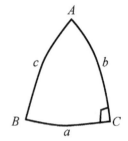

图 F1.9 直角球面三角形

$$\cos c = \cos a \cos b \qquad \sin c = \cot A \cot B$$
$$\sin a = \sin c \sin A \qquad \sin a = \tan b \cot B$$
$$\sin b = \sin c \sin B \qquad \sin b = \tan a \cot A$$
$$\cos A = \tan b \cot c \qquad \cos A = \cos a \sin B$$
$$\cos B = \tan a \cot c \qquad \cos B = \cos b \sin A$$

上述十个公式完全联系起了直角球面三角形边和角的关系，可用来解算一切直角球面三角形。为了便于记忆这十个公式，我们引入聂比尔定则。将五个元素 A、C、B、$(90° - a)$、$(90° - b)$ 依次环列一圈，如图 F1.10 所示。

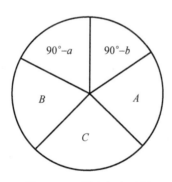

图 F1.10 聂比尔定则圆

聂比尔定则：任意元素的余弦等于其两相邻元素余切的乘积，且等于其两相对元素正弦的乘积。

附录 2　重力控制网实施概要

2.1　重力控制网等级

重力控制网采用逐级控制方法,在全国范围内建立各级重力控制网,然后在此基础上根据各种不同目的和用途,再进行具体的重力测量。国家重力控制网分为三级:国家重力基本网、国家一等重力网、国家二等重力点。此外,还有国家级重力仪标定基线。

国家重力基本网,是重力控制网中的最高级控制,它由重力基准点、基本点以及引点组成。重力基准点经多台、多次的高精度绝对重力仪测定;基本点以及引点由多台高精度的相对重力仪测定,并与国家重力基准点联测。

国家一等重力网,是重力控制网中的次一级控制,由一等重力点组成,重力点由多台高精度的相对重力仪测定,并与国家重力基准点或国家重力基本点联测。

国家二等重力点,是重力控制网中的最低级控制,主要是为加密重力测量而设定的重力控制点,其点位可由一台高精度的相对重力仪测定,并与国家重力基本点或一等重力点联测。

国家级重力仪标定基线主要是为标定施测所用的相对重力仪格值,分为长基线和短基线两种。重力标定基线点具有较高的精度,可以作为重力控制点使用,但在控制网中无级别。

2.2　重力控制测量设计原则

重力控制测量的目的,是建立国家重力基准和重力控制网。国家重力基准是由一定数量分布合理的重力基准点组成的重力控制网,以构成控制全国的重力测量的基准框架。重力基准点的设计首先应根据国家绝对重力测量的能力,以确定组成的重力基准网的点数,其次应考虑点位的区域均匀分布,选择地壳板块稳定,无较大质量搬迁地区,交通便利,并远离震动的基岩。

重力基本网的设计应具有一定的点位密度,有效地覆盖国土范围,以满足控制一等重力点相对联测的精度要求和国民经济及国防建设的需要。基本重力控制点应在全国构成多边形网,其点间距应在 500 km 左右。

一、二等重力点的布设应满足各部门进行区域重力测量的需要,在全国范围内分布,点间距应在 300 km 左右,由基本重力点开始联测,可布设成附合形式(即由一个基本重力点联测若干个一等重力点,最后又联测到另一个基本点)或闭合形式(即由一个基本重力点联测若干个一等重力点,最后仍闭合到同一个基本点)。当条件不许可时,也可联测成支线形式(即由一个基本重力点联测一个一等重力点)。

长基线应基本控制全国范围内重力差,大致沿南北方向布设,两端点重力值之差应大于 $2\,000\times10^{-5}$ m·s^{-2},每个基线点应为基准点;短基线按区域布设,两端点重力值之差应大于 150×10^{-5} m·s^{-2}。段差相对误差应小于 5×10^{-5},短基线至少一个端点与国家重力控制点联测。

加密重力测量主要是测定地球重力场的精细结构,为大地测量、地球物理学、地质学、地震学、海洋学和空间技术等领域所需的重力异常、垂线偏差、高程异常和空间扰动引力场等提供地球重力场数据。目前,加密重力测量的主要任务及服务对象有:

(1) 在全国建立 $5'\times5'$ 的国家基本格网的数字化平均重力异常模型;

(2) 为精化大地水准面,采用天文、重力、GPS 水准测量的方法确定全国范围的高程异常值;

(3) 为内插大地点求出天文大地垂线偏差;

(4) 为国家一、二等水准测量提供正常高系统改正。

加密重力测量的设计应根据上述任务及服务对象,以测区已有各级重力控制点为起算点,按附合路线或闭合路线进行加密重力测线设计,加密重力测线附合或闭合时间一般不应超过 60 小时。若测区重力基本点和一等重力控制点密度不够时,可布设二等点。

2.3　重力控制网选点与埋石

重力基准点的选点与埋石应位于稳固的非风化基岩上,远离工厂、矿区、铁路、公路等各种震源,避开高压线和变电设备等强电磁场。

基本重力点及引点的选点与埋石一般选在机场附近(在机场的安全隔离区以外),点位应位于地基坚实稳定、安全僻静和便于长期保存的地点,应远离飞机跑道及繁忙的交通要道,避开人工震源、高压线路及强磁设备,并便于重力联测及点位坐标和高程的测定。

关于重力控制网选点与埋石的相关知识,有兴趣的读者可查阅相关资料进一步了解。

2.4　重力测量仪器与试验

2.4.1　重力测量仪器

根据重力测量的不同目的和方法,重力测量仪器分为绝对重力仪和相对重力仪。绝对重力仪用于测定重力基准点的绝对重力值;相对重力仪用于测定基本点,引点、一、二等重力点以及加密重力点中两点间的重力差。

我国使用的绝对重力仪是 FG5 型绝对重力仪,其在使用之前需要经过多项检查和调整,主要包括以下方面:

(1) 检查和调整激光稳频器、激光干涉仪和时间测量系统;

(2) 调整测量光路的垂直性;

(3) 调整超长弹簧的参数;

(4) 输入检验程序和观测计算程序;

（5）输入测点有关数据（测点编号、经纬度、高程、重力垂直梯度等）；

（6）运行检验程序，检查计算机运行状态。

我国使用的相对重力仪是 LCR 型重力仪，一般用于测定基本重力点和一等重力点。LCR 型相对重力仪使用前及使用过程中需要进行比例因子标定，对于新出厂和经过修理的重力仪必须进行比例因子的标定，而用于作业的重力仪一般每两年进行一次标定。比例因子的标定在国家长基线上进行，所选的重力差应覆盖工作地区重力仪读数范围，避免比例因子外推。

2.4.2　重力测量仪试验

（1）静态试验。静态试验在温度变化小且无震动干扰的室内进行，仪器安置稳定后每半小时读数一次，连续观测 48 小时，整个测试过程中仪器处于开摆状态。观测数据经固体潮改正后，结合读数的观测时间绘制出仪器静态零点漂移曲线，检查零漂线性度。

（2）动态试验。动态试验应在段差不小于 50×10^{-5} m·s^{-2}、点数不少于 10 个的场地进行往返对称观测，测回数不少于 3 个，每测回往返闭合时间不少于 8 小时。观测数据经固体潮及零漂改正后，计算各台仪器的段差观测值，计算各台仪器的动态观测精度 mdy，对于同一台仪器，如果每一测段的段差观测值的互差不大于 mdy 的 2.5 倍，可认为该仪器的零漂是线性的。

（3）多台仪器一致性试验。多台仪器一致性的试验可与动态试验一并进行，仪器一致性中误差应小于 2 倍联测中误差。

2.5　重力测量方法

重力测量包括：绝对重力测量，基本重力点联测，一、二等重力点联测，加密重力点联测，平面坐标和高程测定。

1. 绝对重力测量

观测前首先要设置有关参数，包括运行命令、测点参数、仪器参数等。绝对重力仪自动运行，开始观测采集数据。由每次下落采集的距离和时间组成观测方程，解算出落体下落初始位置高度处的观测重力值 g，绘制下落结果直方图，进行固体潮改正、气压改正、极移改正和光速有限改正，并将重力值 g 进行观测高度改正，分别归算至离墩面 1.3 m 和墩面，以获得 1.3 m 处和墩面的观测重力值。

在测量过程中，观测员应根据测点观测环境实时察看仪器的运行情况，发现问题（如气泡偏移、频率参数偏离、激光垂直度偏离等）应及时调整、改正，并认真和详细填写"FG5 绝对重力测量观测记录表"。每个点的总均值标准差应优于 $\pm 5 \times 10^{-8}$ m·s^{-2}。

2. 基本重力点联测

国家基本重力点（含引点）联测应采用对称观测，即：$a-b-c\cdots c-b-a$，若观测过程中仪器停放超过 2 小时，则应在停放点重复观测，以消除静态零漂，每条测线一般在 24 小时内闭合，特殊情况可以放宽到 48 小时，每条测线计算一个联测结果。

3. 一、二等重力点联测

一等重力点联测路线应组成闭合环或附合在两基本点间，其测段数一般不超过 5 段，特殊情况下可以按辐射状布测一个一等点。联测时应采用对称观测,即:$a-b-c\cdots c-b-a$,若观测过程中仪器停放超过 2 小时,则应在停放点重复观测,以消除静态零漂,每条测线一般在 24 小时内闭合,特殊情况可以放宽到 48 小时,每条测线计算一个联测结果。

二等重力点联测起算点为重力基本点、一等重力点或其引点。联测组成的闭合路线或附合路线中的二等重力点数不得超过 4 个,在支测路线中允许支测 2 个二等重力点。一般情况下,二等联测应尽量采用三程循环法,即:$a-b-a,b-a-b$ 作为两条测线计算。每条测线一般在 36 小时内闭合,困难地区可以放宽到 48 小时。

一、二等重力点联测使用 LCR 重力仪,每点观测程序与国家基本重力点(含引点)联测相同。一等重力点(含引点)段差联测中误差不得劣于 $\pm 25 \times 10^{-8}$ m·s^{-2},二等重力点段差联测中误差不得劣于 $\pm 250 \times 10^{-8}$ ms^{-2}。

4. 加密重力点联测

加密重力测量的起算点为各等级重力控制点,重力测线应形成闭合或附合路线,其闭合时间一般不应超过 60 小时,困难地区可以放宽到 84 小时。

5. 平面坐标和高程测定

每个重力点都必须测定平面坐标和高程,重力点坐标采用国家大地坐标系,高程采用国家高程基准。各等级的重力点的平面坐标、高程测定中误差不应超过 1.0 m。

加密重力点的点位相对于国家大地控制点的平面点位中误差不得超过 100 m,相对精度不低于国家四等水准点的高程点的中误差,即不应超过 1.0 m,困难地区可以放宽到 2.0 m。

2.6 重力测量的数据计算及资料上交

1. 绝对重力测量数据计算的内容

(1) 墩面或离墩面 1.3 m 高度处重力值计算;

(2) 每组观测重力值的平均值计算及精度估算;

(3) 总平均值计算及精度估算;

(4) 重力梯度计算。

2. 相对重力测量数据计算的内容

(1) 初步观测值的计算;

(2) 零漂改正后的观测值计算。

3. 重力测量资料上交

绝对重力测量、相对重力测量和加密重力测量应上交的资料需要符合规范和技术设计的要求,资料应包括纸质与电子文档。

附录 3 卫星重力测量基本知识

3.1 卫星重力测量概述

地球重力场是地球的一个基本物理场,反映地球物质的空间分布、运动和变化,同时决定着大地水准面的起伏和变化,是地球物质分布和地球旋转运动信息的综合,制约着地球本身及其邻近空间的一切物理事件。因此,确定地球重力场的精细结构及其时变不仅是大地测量学、海洋学、地震学、空间科学、天文学、行星科学、深空探测、国防建设等的需求,同时也将为解决人类面临的资源、环境和灾害等紧迫性问题提供基础的地学信息。

在卫星重力测量出现以前,常使用的重力测量手段主要是地表观测和航空测量。由于地表重力观测受地形和气候条件影响较大,并且耗时多、劳动强度大、作业成本高,使重力测量的地面覆盖率和分辨率受到极大的限制。航空重力测量虽然能够克服地形条件的限制,但却只能用于局部地区或区域性的测量,且仍受到气候条件的影响。因此,在面对地形和气候条件、地面覆盖率、空间分辨率、观测精度等各种因素的限制下,卫星重力测量作为一种新型空间探测技术应运而生。卫星重力测量不受地形和气候等自然条件的影响,为解决全球高覆盖率、高空间分辨率、高精度和高时间重复率重力测量开辟了新的有效途径,不但弥补了传统重力测量方法的不足,而且可以使地球重力场和大地水准面的测定精度提高一个数量级以上,并可测定高精度的时变重力场。

广义的卫星重力测量泛指所有基于卫星观测资料确定地球重力场的技术,它包括了从20世纪60年代发展起来的地面光电卫星跟踪技术、Doppler 地面跟踪技术、人造卫星激光测距技术和卫星测高技术以及近年才有所突破的卫星跟踪卫星技术和卫星重力梯度技术。

3.2 卫星重力测量基本原理及发展

3.2.1 卫星重力测量基本原理

卫星重力测量就是以卫星为载体,利用卫星本身为重力传感器或卫星所携带的重力传感器(加速度仪、精密测距系统和重力梯度仪等),观测由地球重力场引起的卫星轨道摄动,以这些数据资料来反演和恢复地球重力场的方法和技术。具体的反演方法包括卫星轨道摄动法(动力法)和卫星能量守恒法(能量法)。

3.2.2 卫星重力测量的发展

卫星重力测量技术始于20世纪50年代末60年代初,自1957年第一颗人造地球卫星

Sputnik 成功发射以来,人们开始把目光投向用卫星资料计算地球重力场到最近用于精化地球重力场的极地低轨卫星的成功发射,卫星重力测量技术主要经历了三个发展阶段。

第一阶段:20 世纪 60 年代初期,卫星的位置主要是通过光学摄影测定。最早利用地面站卫星跟踪数据确定地球重力场的是 Buchar,他于 1958 年根据 Sputnik 卫星近地点运动资料计算了地球重力场位系数,并推算出地球的扁率,但由于当时的观测精度低、卫星轨道高、观测数据不能全球覆盖等因素的制约,确定的阶数和精度都很低。

第二阶段:20 世纪 60 年代中后期至 20 世纪末,随着定轨技术的迅速发展,出现了多种地面跟踪技术和卫星对地观测技术,包括卫星激光测距(SLR)、卫星多普勒测速(Doppler)、多普勒定轨与无线电定位集成(DORIS)、精密测距测速(PRARE)和卫星雷达测高(SRA)等。1966 年,Kaula 利用卫星轨道摄动分析建立了 8 阶地球重力场模型,并出版了《卫星大地测量理论》一书,奠定了卫星重力学的理论基础。SLR 卫星的跟踪测量有效地提高了低阶次位系数的精度,近 40 年来由此卫星重力技术发布了一系列低阶重力场模型。随着卫星测量精度的提高和空间卫星数目的增多,采用多颗不同倾角的卫星组合解算地球重力场使数据的覆盖率有了一定的改善。20 世纪 70 年代开始出现卫星雷达测高,至今研制和发展了多代卫星测高系统,用于精确测定平均海面的大地高,确定海洋大地水准面和海洋重力异常,分辨率可优于 10 km,精度优于分米级。卫星测高数据联合地面重力测量数据以及 SLR 低阶重力场模型,发展了多个高阶地球重力场模型。20 世纪 70 年代提出卫星测高构想到目前为止,所发射的卫星测高仪主要有美国 NASA 等部门发射的地球卫星 GEO-3(1975年)、海洋卫星 SEASAT(1978 年)、大地测量卫星 GEOSAT(1985 年)及后续卫星 GEOSAT Follow-on(GFO,1998 年),欧空局(ESA)发射的遥感卫星 ERS-1(1991 年)和 ERS-2(1995 年)及后续卫星 Envisat-1(2002 年 2 月),NASA 和法国空间局(CNES)合作发射的海面地形实验/海神卫星 Topex/Poseidon(T/P, 1992 年)及其后续卫星 Jason-1(2001 年12 月)等。

第三阶段:21 世纪初,空间技术的进步促进了低轨的小卫星在地球重力场中的应用,出现了现代卫星重力测量技术。新的卫星重力测量技术采用低轨道设计,能够更灵敏地感测地球重力场,结合星载 GPS,SLR 等多种卫星定位技术进行精密跟踪定轨,同时实现了卫星轨道机动,可在任务执行期间变换轨道高度,并结合其他星载传感器(加速度计、重力梯度仪、K 波段测距系统 KBR)实现了多种观测量以及数据的全球覆盖。用现代卫星重力测量技术测量地球重力场包括卫星跟踪卫星(Satellite-to-Satellite Tracking,简称 SST)技术和卫星重力梯度测量(Satellite-Gravity-Grads,简称 SGG),其中已经成功发射的 SST 卫星包括德国的 CHAMP 卫星,美、德合作的 GRACE 卫星,SGG 卫星包括欧洲空间局发射的 GOCE 卫星。正是低轨卫星定轨技术的发展,推动了卫星重力测量进入了实用化阶段。

3.3　卫星重力测量技术方法

卫星重力测量以高全球覆盖率、高空间分辨率、高精度和高时间重复率的特点,使其突破传统地表重力测量方法固有的局限性,提供确定地球重力场精细结构及其时变的高质量的测量数据,极大地促进了大地测量学及相关地学学科的发展。卫星重力测量技术归纳起来主要有以下四种:卫星地面跟踪技术(地面跟踪观测卫星轨道摄动)、卫星对地观测技术

（主要是海洋卫星测高技术）、卫星跟踪卫星技术（SST）和卫星重力梯度技术（SGG）。

3.3.1 卫星地面跟踪技术与卫星对地观测技术

1. 卫星地面跟踪技术

卫星地面跟踪技术是20世纪主要的卫星重力测量技术。卫星地面跟踪技术，即地面跟踪观测卫星轨道摄动，是采用摄影观测、多普勒观测或激光观测（分地基和空基两种模式）等技术手段测定地球重力异常场（消除日月引力、地球潮汐、大气和太阳光压等因素）对卫星轨道的摄动，以此反演出地球重力场。

2. 卫星对地观测技术

卫星对地观测技术是20世纪另一种重要的卫星重力测量技术，卫星对地观测技术当前主要是海洋卫星测高技术。海洋卫星测高技术是利用星载雷达测高仪向海面发射脉冲信号，经海面反射后由卫星接收，根据卫星的轨道位置并考虑到海潮、海流、海风、海水盐度及大气压等因素的影响，推求海洋大地水准面高。卫星测高资料相当于在海洋上进行了大量的重力测量，为海洋区域地球重力场研究提供了前所未有的高分辨率观测资料，是研究全球重力场的重要补充，使全球重力场模型得到极大改善。

3.3.2 卫星跟踪卫星技术（SST）

卫星跟踪卫星技术（SST）是继20世纪卫星重力测量技术的一大突破，该技术利用两颗专用地球重力场探测卫星（CHAMP、GRACE）对地球重力场进行反演，使得卫星设计目标从以往的单纯提高重力场精度提升到同时测量重力场变化。SST技术有高低卫卫跟踪技术（SST-hl）和低低卫卫跟踪技术（SST-ll）两种模式。

1. 高低卫卫跟踪技术（SST-hl）

2000年7月15日德国发射了一颗高低卫卫跟踪重力卫星——CHAMP，它的成功发射标志着卫星重力学研究迈出了重要一步。CHAMP卫星的设计寿命为5年，轨道高度为$418\sim470$ km，偏心率e为0.004，倾角i为87.275°，其主要目的是：确定全球中长波长静态重力场和随时间的变化；测定全球磁场和电场及其时间变化；探测大气与电离层环境。该卫星在其5年的飞行期内不断地在低轨平台上获取重要的地球重力场的相关信息：精密星间测量，低轨CHAMP与高轨GPS间的测量精度为$0.1 \text{ nm/s}^2 \sqrt{\text{Hz}}$；三轴加速度计精密测定CHAMP卫星的非保守力和惯性力，加速度计的精度为$1 \text{ nm/s}^2 \sqrt{\text{Hz}}$；利用星相仪和多天线GPS技术测定卫星的姿态；利用磁力计测定标量和矢量磁场强度；利用离子悬浮计测定电场；利用星载GPS掩星技术探测电离层与中性大气物理参数；利用星载GPS散射测量技术探测海面粗糙度、海洋风场、冰面等参数。

高低卫卫跟踪技术（SST-hl）是指由若干高轨同步卫星跟踪观测低轨卫星（高度500 km左右）的轨道摄动，确定地球扰动重力场，如图F3.1所示。高轨卫星主要受地球重力场的长波部分影响，且受大气阻力影响极小，轨道稳定性高，因而可以由地面卫星跟踪站对它进行精密定轨。低轨卫星由于在极低的轨道上运行，对地球重力场的摄动有较高的敏感性，其轨道摄动则由高轨卫星连续跟踪并以很高精度测出来，同时低轨卫星上载有卫星加速计，补偿低轨卫星的非保守力摄动（主要是大气阻力），其跟踪精度达到毫米级，恢复低阶重力场精度可以提高一个数量级以上，对应的低阶大地水准面精度达到毫米级。从本质上看，

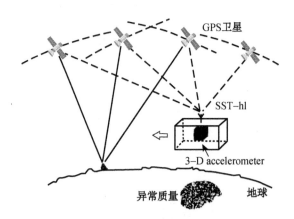

图 F3.1　CHAMP 卫星重力测量示意图

SST-hl 技术与地面站跟踪观测并无很大区别,但其数据的覆盖率、分辨率和精度都有很大提高。

　　2. 低低卫卫跟踪技术(SST-ll)

　　2002 年 3 月 18 日由美国为主,美欧合作的低低卫卫跟踪卫星 GRACE 成功发射升空,其轨道高度约 500 km,采用近极圆轨道设计,寿命约 3~5 年。GRACE 主要搭载的设备有:星载 GPS 接收机,进行低星与 GPS 高星之间的测量;三轴加速度计,用以测量非保守力;K 波段微波仪,进行低低卫卫跟踪测量。其主要目的是:测定中长波地球重力场,5 000 km 波长大地水准面精度达 0.01 mm,500~5 000 km 波长大地水准面精度达 0.01~0.1 mm,比 CHAMP 的精度提高两个数量级;监测 15~30 天或更长时间尺度长波重力场的时间变化,预期大地水准面年变化的测定精度为 0.01 mm/年;探测大气、电离层环境。由于 GRACE 是由两个相同的 CHAMP 卫星组成,均由星载 GPS 接收机准确确定其轨道位置,在同一轨道平面内运动,前后间距约为 220 km,沿轨迹方向两颗卫星的距离变化,由 K 波段微波测量装置以微米级精度实时测得,可以测定中长波地球重力场的静态部分。

　　低低卫卫跟踪技术(SST-ll)是通过测定在同一低轨道上的两颗卫星之间(相距约 200 km 左右)的距离和距离变率(又称相对视线速度)反映两卫星星下点之间的地球重力场的变化,如图 F3.2 所示。如果低轨卫星能以微米级的测距测速精度相互跟踪,同时还与

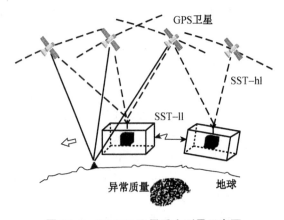

图 F3.2　GRACE 卫星重力测量示意图

GPS卫星构成空间跟踪网,理论上恢复低阶地球重力场精度要比现在提高二个数量级及以上,中波部分的地球重力场测定精度也可以提高一个数量级以上。

3.3.3 卫星重力梯度技术(SGG)

卫星重力梯度测量(SGG),如图F3.3,是利用低轨卫星上所携带的高精度超导重力梯度仪,直接测定卫星轨道高度处的重力梯度张量,由于观测量(重力梯度张量)为重力位二阶导数,因此有能力恢复地球重力场的高阶部分(达180阶左右),其精度可提高一个数量级以上。由于这类卫星的寿命设计一般为1年左右,仅能用于地球重力场的静态研究。

第一颗重力梯度卫星GOCE由欧洲空间局于2005年发射升空,其轨道高度约250～260 km,倾角为97°,偏心率小于0.001。星载设备有:GRAS接收机,一个双频GPS和GLONASS组合接收机,用于大气探测和定位;卫星重力梯度仪,精度为3×10^{-3} rad/$\sqrt{\text{Hz}}$;星相仪,用于测定卫星姿态,精度为3×10^{-3} rad/$\sqrt{\text{Hz}}$;补偿大气阻力装置。GOCE的主要目的是提供最新的具有高空间解析度和高精度的全球重力场和大地水准面模型,其重力观测数据除了在精度上高于CHAMP和GRACE外,还可满足重力场高频信号的要求,具有更高的空间分辨率,将对陆地重力测量和航空重力测量是强有力的支持。

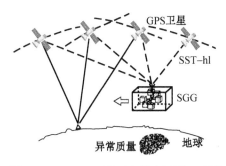

图 F3.3　GOCE卫星重力梯度测量示意图

3.4　卫星重力测量技术的比较

3.4.1　卫星地面跟踪与卫星对地观测技术的缺陷

卫星地面跟踪技术与卫星对地观测技术发展到今天,尤其是卫星对地观测技术中的海洋卫星测高技术,其观测精度已达到厘米级,将平均海面近似看成大地水准面,由此确定海洋重力场,分辨率可以达到5～10 km,但由于这一代技术本身固有的局限性,无论是空间分辨率还是精度上都已难有所突破。

利用这一代技术反演地球重力场主要有以下缺陷:第一,观测资料不能全球均匀覆盖,卫星地面跟踪技术只有跟踪站上有观测资料,卫星测高技术也只能获得高精度的海洋重力资料。第二,两种技术都必须通过大气层和电离层获取卫星信息,不可避免地带来数据的失真。第三,卫星轨道单一,所解算的地球重力场的球谐函数不完善,不能对其所有阶次的表达式都有好的均匀一致的精度和可靠性。第四,卫星轨道较高,这是为了减小大气阻力的影响、获得较高的定轨精度,因而限制了其感应重力场信号的能力。第五,恢复重力场的时间较长。由于以上因素的影响,限制了这两种技术恢复地球重力场的潜力,且难以在目前的水平上有很大的提高,这就要求必须有一种更完善的方法来测定地球重力场。

3.4.2 卫星跟踪卫星与卫星重力梯度技术的优势与不足

卫星跟踪卫星(SST)和卫星重力梯度测量(SGG)是目前公认的最有价值和应用前景的重力探测技术,与卫星地面跟踪技术和卫星对地观测技术相比,它们在技术设计上有了很大的进步。第一,CHAMP、GRACE 和 GOCE 三颗专用卫星属于低轨卫星,卫星设计高度可降至 400 km 左右,较低的卫星轨道大大提高了对地球重力场(特别是对中长波长)的敏感性。第二,SST 与 SGG 技术实现了卫星轨道机动,既可以利用多个不同轨道的卫星进行地球重力场测量,也可以单个卫星采用变轨技术,即通过一个卫星的不同运行轨道来进行地球重力场测量。第三,实现了卫星精确定轨。利用高精度的 GPS 技术和微波测距测速,连续跟踪卫星的三维空间分量。第四,可加载高精度星载设备。加速度计、重力梯度计、K 波段测距系统的加载,实现了多种观测量的卫星测量。如利用星载三轴加速度计进行测量与补偿非重力效应,克服了大气等非保守力影响;高精度的卫星超导重力梯度计直接测定重力梯度张量;K 波段测距系统进行低低卫星跟踪测量等。正是低轨卫星精密定轨,再加上高精度星载设备的发展,推动卫星重力测量进入了实用阶段。

三颗专用的地球重力场探测卫星 CHAMP、GRACE、GOCE 是历史上首次专门为测量地球重力场而开发研制的,但就目前的应用实践来看,仍然存在一定的局限性。

2000 年由德国研制的 CHAMP 卫星是世界上第一颗采用 SST 技术的小型重力卫星,它主要用于测定地球重力场和磁场,解决时间变化问题。CHAMP 所采用的 SST-hl 技术有两方面的优点:一是其中高轨卫星(GPS 卫星)的轨道已精确地测定;二是在 CHAMP 卫星的全部轨道上都能接收到高轨卫星的信号即 GPS 卫星信号。CHAMP 卫星是第一次非间断三维高低跟踪技术结合三维重力加速度测量,但由于它所搭载的加速度仪的功能障碍及 Z 轴不稳定,这个技术在精度和空间解析度上不会对现有重力场模型有多少改进,但是它将大大提高球谐系数的精度,并使目前的模型更加可靠。其主要弱点是轨道高处重力场衰减阻碍了获得真正的高空间解析度。在后来设计 GRACE 和 GOCE 时采用物理中描述小尺度特性的经典微分方法使这个缺点得到了很好的解决,并由此构想出两种实用的技术 SST−ll 和 SGG。

2002 年由美国宇航局和德国空间局共同研制成功的 GRACE 卫星是一个同时以 SST-hl 和 SST-ll 技术求定重力场的卫星,它不仅能和 CHAMP 一样以 SST-hl 技术测定静态的地球重力场,而且还能以 SST-ll 技术测定随时间变化的地球重力场。它将使中长空间尺度的球谐系数精度提高约三个量级,可以测量重力场的时间变化。GRACE 和 CHAMP 主要依靠 SST 技术推算重力场的中、长波部分,而短波部分主要依靠地面重力资料推算。CHAMP 和 GRACE 卫星无法得到高精度的短波重力场,因此也不可能得出一个非常可靠的精确的全球重力场模型和精化的全球大地水准面。为了弥补以上局限性和不足,载有极高精度卫星梯度仪的高低轨卫卫跟踪重力卫星 GOCE 将可以提供较高空间分辨率的重力场,研究地球深部精细结构和各圈层运动方式与运动之间的相互关系,可以得到更加精细的全波段地球重力场和大地水准面支持,以满足现代大地测量、地球物理、地球动力学和海洋学等相关学科的发展需求。

3.5　卫星重力测量应用

卫星重力测量具有全球高覆盖率、高空间分辨率、高精度和高时间重复率的特点,使其能够测定地球重力场的精细结构及时变重力场,同时可以提供海量的关于地球重力场的数据资料。随着卫星重力测量技术的发展与成熟,该技术不仅被用于大地测量学,还广泛地应用于其他各种地学相关学科,如地震学、海洋学、地球物理学等。

卫星重力测量在地震学中的应用:地震又称地动,是地球上经常发生的一种自然现象,由于地壳运动引起的地球表层的快速震动,地壳快速释放能量的过程中造成的震动,期间会产生地震波,也是地壳运动的一种特殊表现形式。地震会造成地壳内部应力、应变的变化和物质密度变化,从而在地表造成重力场变化,这些重力变化信息包含有与地震相关的信息。相关研究表明,在一次中强地震之前的 3~5 年时间内,重力场将会发生大于 40×10^{-8} m·s^{-2} 的重力变化,因此重力观测获得的高精度地球重力场中长波分量及其时变信息,可以作为一种地震前兆信号,被用于地震科学研究和预测预报工作。卫星重力测量将为跨越式提高地震监测能力提供前所未有的强大技术支持,在未来的地震监测预测工作中具有巨大的应用前景。

卫星重力测量在海洋学中的应用:利用重力卫星获得的时变重力场信息可反演海水质量再分布引起的海平面变化;卫星测高资料可以精确求定全球平均海面高,加上一个独立确定的海洋大地水准面,可以对海洋动态起伏和绝对表面环流进行估计;卫星重力提供的地球重力场信息是稳态海洋环流探测的重要参考依据。海洋环流产生的海水热能与大气相互作用将会影响全球气候变化,厄尔尼诺和拉尼娜现象就是其中的灾害性气候变化,这两种现象都会引起平均海面高的异常变化,通过卫星重力观测平均海面高的变化以及海洋环流的变化,就可以及时地发现海洋环境异常,对及早预测及发现上述两种灾害性气候变化有着极大的帮助。

卫星重力测量在地球物理学中的应用:冰川的消失使得地壳和地幔中的物质重新分布,冰川溶化所产生的地球变形可以用粘弹性模型来解释,随着更高精度和更高分辨率的地球重力场信息和大地水准面信息的不断更新,由此可得到的地幔粘弹性模型将推动冰后期回弹的研究。此外,由重力卫星提供的时变重力场可实现对全球陆地水质量变化的监测。

附录 4　航空重力测量简介

4.1　航空重力测量概述

4.1.1　定义

航空重力测量是以航空器(如卫星、空间站、有人飞机、无人飞机等)为载体,组合重力测量传感器系统、GNSS、姿态传感器系统(INS)、高度传感器等设备,测定地面重力场的一种新型重力测量方法。它能够快速高效、灵活机动、高精度且精度均匀、大面积地获取地面重力场信息,特别是一些人类无法到达的地方,如沙漠、植被密集的森林、冰川、无人区等。同时,它也是现代多种探测手段综合集成勘探系统的重要组成部分。

4.1.2　分类

航空重力测量系统按照载体可以分为卫星重力测量、有人飞机重力测量、无人飞机重力测量,三种方式各有长处,互相补充。广义的航空重力测量包括了卫星重力测量,卫星重力测量确定重力场的长波信息,狭义的航空重力测量(低空航空器)确定重力场的中短波信息。本章介绍的内容主要指狭义的航空重力测量,即以中低空飞行器为载体的航空重力测量。

按照实现方式的不同,又可以分为基于双轴稳定平台、基于平台惯导、基于捷联惯导(即基于 GNSS/INS)的航空重力测量三种,现代航空重力测量多是基于捷联惯导的航空重力测量系统,它具有重量轻、体积小、功耗小、成本低、精度高、可靠度高等特点。

按照测量对象,可将航空重力测量系统分为航空重力标量测量和航空重力向量测量。其中标量测量只测量重力扰动向量垂直分量的大小,即重力异常,航空重力向量测量需要测量重力扰动向量所有的三个分量(重力异常和垂线偏差)。航空重力测量在现代军事学中具有重要的意义。

4.1.3　航空重力测量系统的发展过程

航空重力测量的概念于 20 世纪 50 年代末提出。1958 年 11 月,美国空军采用 KC-135,搭载 LaCoste&Romberg(LCR)重力仪,使用多普勒导航系统导航定位,进行了第一次航空重力测量飞行测试。直到 20 世纪 80 年代,随着 GPS 差分技术的广泛使用,解决了精确测量载体加速度的问题,航空重力测量才进行大规模商业化的生产。各类航空重力测量系统都采用 GPS(GNSS)测量载体加速度,区别在于重力传感器的稳定方案,其中分为基于双轴稳定平台的重力测量系统、基于三轴平台惯性导航系统(INS)的重力测量系统和基于捷联式惯性导航系统(GNSS/INS)的重力测量系统。

（1）基于双轴稳定平台的航空重力仪

该类型重力仪将重力仪安装在双轴阻尼平台上，以保持重力传感器的垂直指向。1965年 LCR 公司生产出了世界上第一台基于双稳定平台的重力仪，2002 年推出了 II 型带机械陀螺兼容的固态光纤陀螺的海一空重力仪，2007 年推出了 III 型并提供了航空数据解算软件，2010 年推出了 IV 型为航空专用型。ZLS 公司也在 LCR 海空型重力仪的基础上生产出了 ZLS 重力仪。1989 年，Bodensee 公司生产的 KSS31 重力仪在德国北部进行了航空重力测量试验。1990 年，哥伦比亚大学采用 Bell 公司生产的 BGM-3 重力仪在长岛海峡进行了航空重力测量，BGM-3 的测量结果与参考值相比精度为 2.7 mGal，分辨率为 5 km。1992年，苏黎世联邦理工学院对 LCR 重力仪和 ZLS 重力仪进行了比较飞行。2007 年，俄罗斯生产的 Chekan-AM 航空重力仪系统在德国马格德堡地区进行了首次飞行试验，实验表明系统具有较好的精度和分辨率。

（2）基于三轴稳定平台惯导系统的航空重力仪

这类重力仪安装在一个三轴的惯导平台系统上，除了可以进行重力测量外还可以进行重力向量测量。主要有 1997 年加拿大 Sander 地球物理公司（SGL）生产的 AIRGraw 航空重力系统和 2001 年俄罗斯重力测量技术公司和国立莫斯科大学合作研制的惯性平台式航空重力仪 GT-1A，目前 GT-2A 的测量精度为 0.3 mGal，分辨率为 0.48 km，商业化应用广泛。

（3）基于捷联惯导系统的航空重力仪

基于捷联惯导系统的航空重力仪采用捷联式惯导系统，利用数学平台代替物理平台，体积小，重量轻，连接简单，操作简便，能进行重力标量测量和向量测量。主要代表产品有加拿大卡尔加里大学 1990 年研制的 SISG 系统和 Intermap 公司 1997 年研制的采用霍尼韦尔 H-770 捷联惯导的 AIGS 系统、德国的 SAGS 系统，以及俄罗斯 2011 年研制的 GT-X 系统。

目前，我国在航空重力仪方面没有成熟的自主产品，捷联惯导式的航空重力仪正在研制中。

4.2　航空重力测量的原理

根据牛顿第二定律，作用于单位质点上的总加速度矢量 f_i（重力，或称比力）、载体（飞机）运动加速度矢量 $\ddot{r}_i$ 和引力加速度矢量 G_i 之间的关系为：

$$f_i = \ddot{r}_i + G_i$$

根据爱因斯坦广义相对论的等效原理，在一个封闭系统内的观测者是不能区分出作用于他的力是引力还是他所在的系统正在作变速运动而产生的运动加速度。因此，$\ddot{r}_i$ 和 G_i 是不可分的。在地面静态重力测量中，$\ddot{r}_i = 0$，当重力传感器的敏感轴对准重力向量的方向，理论上，重力传感器的观测值就是重力加速度的大小。在航空重力测量中，要求得引力加速度 G_i，就需要求得飞机的运动加速度 $\ddot{r}$。可以通过两个独立的加速度测量系统，其中一个为重力传感器系统，即测得 f_i，另一个为飞机加速度测量系统，测量飞机的运动加速度 $\ddot{r}_i$，则航空重力测量的基本原理为：

$$G_i = f_i - \ddot{r}_i$$

航空重力测量中测定飞机加速度的最有效方法是采用 GNSS/INS 组合算法。该方法在 GPS 事后差分测量内容中有详细介绍,在此不再详述。其中 INS 的主要作用是提供高精度高频率的内插。

4.3　捷联式航空重力测量系统构成

典型的航空重力测量系统包括 4 个部分:(1)测量重力加速度的比力仪系统;(2)用加速度计保持水平的系统(惯导系统);(3)飞机动态定位系统(GPS 系统);(4)数据存储记录系统。其结构图如图 F4.1 所示

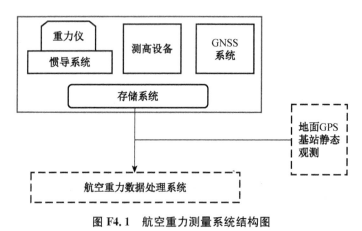

图 F4.1　航空重力测量系统结构图

4.4　航空重力测量在我国的发展现状及趋势

我国研究航空重力测量的机构主要有中科院测地所、中国地质调查局国土资源航空物探遥感中心、国防科技大学等。

中科院测地所在 1988 年曾经使用国产第三代静态重力仪 CHZ 进行了航空重力测量的试验,采用直-8 直升机悬停的方式进行不同高度的测量,本质上属于静态测量。

2002 年西安测绘研究院基于美国 LCR 海-空重力仪研制了国产 CHAGS 航空重力测量系统,经过大量生产试验,能满足大地水准面测量方面的应用,但是还不能满足勘探的精度要求。

2008 年底,国防科技大学研究了捷联式航空重力仪的样机 SGA-WZ01,并陆续进行了实验和改进,但是该系统离商用还有一定距离。

国土资源部航空物探遥感中心于 2007 年引进了 GT-1A 航空重力仪,在国内进行了大量的勘探工作,应用于区域重力调查、能源重力勘探、矿产重力勘探、水文及工程重力测量和大地水准面测量等。特别是在一些高山区、沼泽、沙漠和海陆交互带等地面重力测量无法开展工作的地区,航空重力测量可发挥重要作用。

当前,我国正在进行捷联式航空重力测量设备的整体自主研制,同时,随着无人驾驶

飞机技术的发展,国内在航空重力测量领域的另一热点是基于无人飞机的超低空重力测量系统,以及将航磁、航空电磁、航空伽马能谱、航空重力等多种探测设备组合集成为航空综合勘查系统。相信在未来我国在该领域一定能够实现弯道超车。

参 考 文 献

[1] 罗佳,汪海洪.普通天文学[M].武汉:武汉大学出版社,2012.

[2] 蔺玉亭,赵东明,高为广,等.GPS时间系统及其在时间比对中的应用[J].地理空间信息,2009,7(3):30-32.

[3] 何志堂,张锐,唐志明,等.2000国家重力基准现状分析[J].大地测量与地球动力学,2012(32):87-90.

[4] 陈俊勇,文汉江,程鹏飞.中国大地测量学发展的若干问题[J].武汉大学学报(信息科学版),2001,26(6):475-482.

[5] 王昆杰,王跃虎,李征航.卫星大地测量学[M].北京:测绘出版社,1990.

[6] 宁津生,陈俊勇,李德仁,等.测绘学概论[M].3版.武汉:武汉大学出版社,2016.

[7] 余明.简明天文学教程[M].北京:科学出版社,2001.

[8] 李征航,黄劲松.GPS测量与数据处理[M].武汉:武汉大学出版社,2005.

[9] 胡中为.普通天文学[M].南京:南京大学出版社,2003.

[10] 郭俊义.地球物理学基础[M].北京:测绘出版社,2001.

[11] 董揄英,刘彩璋,徐德宝.实用天文测量学[M].武汉:武汉测绘科技大学出版社,1992.

[12] 暴景阳.基于卫星测高数据的潮汐分析理论与方法研究[D].武汉:武汉大学,2002.

[13] 刘学富.基础天文学[M].北京:高等教育出版社,2004.

[14] 肖峰.球面天文学与天体力学基础[M].长沙:国防科技大学出版社,1989.

[15] 管泽霖,宁津生.地球形状及外部重力场(上、下册)[M].北京:测绘出版社,1981.

[16] 宁津生,邱卫根,陶本藻.地球重力场模型理论[M].武汉:武汉测绘科技大学出版社,1990.

[17] 陈佳洱,吴述尧,汲培文,等.国家科学学科发展战略研究报告——天文学[R].北京:科学出版社,1997.

[18] 陈俊勇.月球地形测绘和月球大地测量(1)[J].测绘科学,2004,29(2):1-5.

[19] 陈俊勇.月球地形测绘和月球大地测量(4)[J].测绘科学,2004,29(5):7-11.

[20] 陈俊勇,宁津生,章传银,等.在嫦娥一号探月工程中求定月球重力场[J].地球物理学报,2005,48(2):275-281.

[21] 姚建明.天文知识基础[M].北京:清华大学出版社,2008.

[22] 宁津生,刘经南,陈俊勇,等.现代大地测量理论与技术[M].武汉:武汉大学出版社,2006.

[23] 李建成,宁津生.局部大地水准面精化的理论和方法[M].北京:测绘出版社,1999.

[24] 李征航,张小红.卫星导航定位新技术及高精度数据处理方法[M].武汉:武汉大学出版社,2009.